学津清谈

匠意营造

中国传统建筑

国家图书馆　编

商务印书馆
The Commercial Press
创于1897

2019年·北京

图书在版编目(CIP)数据

匠意营造:中国传统建筑/国家图书馆编.—北京:
商务印书馆,2019
(学津清谈)
ISBN 978-7-100-17634-7

Ⅰ.①匠… Ⅱ.①国… Ⅲ.①古建筑—建筑艺术—
中国—文集 Ⅳ.①TU-092.2

中国版本图书馆 CIP 数据核字(2019)第 137804 号

匠意营造:中国传统建筑
国家图书馆 编

———————————————————

商 务 印 书 馆 出 版
(北京王府井大街 36 号 邮政编码 100710)
商 务 印 书 馆 发 行
北京中科印刷有限公司印刷
ISBN 978-7-100-17634-7

———————————————————

2019 年 11 月第 1 版 开本 880×1230 1/32
2019 年 11 月北京第 1 次印刷 印张 12¼
定价:65.00 元

目　录

建筑文化中的三角形

◇方拥

方拥，北京大学考古文博学院教授、博士生导师，全国重点文物保护工程古建筑方案审核专家。曾任华侨大学建筑系教授兼系主任，北京大学建筑学研究中心教授，曾负责制定泉州开元寺大殿、新加坡双林寺大殿等古建筑落架大修方案。著有《藏山蕴海——北大建筑与园林》《中国传统建筑十五讲》等。

建筑是我们日常生活中非常熟悉的对象，有关建筑的会议也很常见，但专门讨论三角形的恐怕不是很多。我自己是学建筑出身，从 1977 年读书至今，四十年来与建筑的接触，让我有了一些关于文化的想法。

讲建筑文化，就不能不做中西比较。我们过去说学贯中西、博通古今，仿佛学问很大的学者才能够从事这样的工作，但一个当代人身处全球化的今天，无论是在实际工作还是在学术研究中，如果不对古今中外都有一点了解的话，一件事情、一个问题恐怕就很难说清楚。我在古建筑工地工作了十年左右，也是国家文物局古建筑专家组成员，但我的研究生专业却是西方建筑。拥有这样一种经历的好处是不局限某一个方面，具体研究什么则跟工作环境相关。

三角形，建筑结构的要素

建筑行业与航天航空等行业不大一样，实际上没那么严谨、尖端，其中的问题一般人都可以有自己的认识。在西方建筑中，三角形是很常见很主流的形象。

图 1–1 是华裔建筑师贝聿铭为巴黎卢浮宫设计的一个金字塔形入口，不仅没有破坏古建筑的环境，还与之相得益彰，保证了交通和安全。怎样能够解决这么复杂的矛盾呢？在我过去看来这是很难处理的，而贝聿铭却解决得很好。可能有人不太喜欢这个设计，但大多数人还是认可的。如果你去过这个地方，从卢浮宫广场进入三角形的门厅，应该能感受得到两者是相得益彰的，这个玻璃入口丝毫没有破坏性，而是用新技术、新材料做出的古老造型。在西方建

图 1-1　巴黎卢浮宫金字塔形入口

筑文化中，三角形的持续性和生命力非常顽强。

　　中西方文化是有差别的，但人类基因组测序表明，目前地球上七十亿人中的绝大部分都起源于非洲，有一个所谓的非洲老祖母。目前中国有些做旧石器考古的学者，认为中国的一部分人可能并非起源于非洲。但即使这一观点成立，也不影响大部分人类的共同祖先来自非洲这一事实。过去我们讲"四海之内皆兄弟"，其实不是一句空话，而是有科学基础的联想。从这个角度来看，人类应该和谐相处。习近平主席提出"人类命运共同体"的理念，有人类的共同基因作为科学前提。我在政治上不做过多评价，但是可以肯定的是，社会和谐比什么都好，战争是非常可怕的。

　　中国和西方的差异性或矛盾性确实存在。对此，我们既不能忽视，也不要夸大，最好的态度是适度，不偏不倚，即所谓的中庸之道。我们过去批判中庸，但现在看来这种不走极端的态度很有道理。从科学的角度来说，我们也要客观地看待事物。

图 1-2　联合国教科文组织 UNESCO 标志

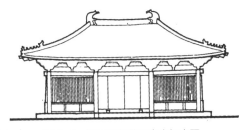

图 1-3　辽代蓟县独乐寺山门立面

　　上面两幅图中，图 1-2 是联合国教科文组织的标志，图 1-3 是中国古建筑立面的缩影。目前世界遗产数量很多，各国争着申遗，因此联合国教科文组织的标志广泛出现。但不知大家会不会想到，这一标志来源于欧洲，与中国的传统是有矛盾的。在中国文化中，三角形似乎不是一个正面形象，中国的正面形象是右边这样一个图，它可以作为中国传统建筑的标志。由此也可以看出，在世界性组织里，在全球的眼光中，中国文化尚未占据主流地位。如今中国经济日益发达，文化遗产的宣传和保护逐渐得到重视。如果有一天联合国教科文组织能够把这个源于欧洲的标志改变一下，或者加入一些中国的元素，那就再好不过了。

　　之所以说这个三角形的标志与中国文化传统相矛盾，是从风水的角度来看的。这种看法可能会引起争议，但如果大家对风水稍有了解，就知道其中有"三角煞"的说法。三角煞是指三角形有煞气，很凶，对人的健康和命运都不好。风水说毫无疑问带有迷信色彩，但却不一定全是迷信，仍有其一定的道理。文化并不是完全的科学，若是完全的科学，文化就不是文化了。文化一定包含了长期生活中

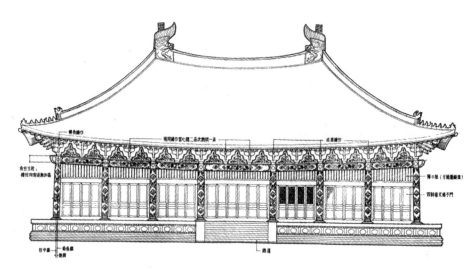

图 1-4　宋《营造法式》立面处理示意图

积累下来的观念和习惯，这些观念和习惯影响着我们的生活，这一特点无论在哪一种民族的文化中都是存在的。

图1-4出自建筑学本科的专业书《中国古代建筑史》，这本书由刘敦桢先生主编，是在住建部的支持下集全国建筑学者之力编写的。差不多一千年前北宋也有一本建筑学著作《营造法式》，是中国古代建筑的《圣经》，但书里面没有这幅图。大家知道，现在的建筑通常有一个主立面，设计师要画一个立面图。这幅图是根据《营造法式》推测画出来的北宋建筑的主立面图，横向舒展稳定庄重，没有三角形，但其侧面也就是东西两个方向也是三角形，只是大家很少注意到。刘敦桢先生和梁思成先生在20世纪30年代被同行称为中国营造学社的两条劲腿，他们共同支撑着中国营造学社关于古建筑研究的日常工作。

图1-5是中华民国时期日本全面侵华前夕建造的南京博物院大楼，系仿中国辽代的建筑造型，非常简洁大气，当时名为"中央博物院"，由徐敬直建筑师设计，梁思成先生是主要评审人。梁思成先生及他的许多学生都很喜欢这种造型。图1-6是梁思成先生的学

1-5　南京博物院，1936年，徐敬直设计，梁思成评审　　图1-6　北京大学图书馆新馆，1998年，关肇邺设计

生关肇邺先生设计的北京大学图书馆
新馆，同样采用这一造型，使用新材料、
新技术建造而成。由此可见，中国的
主流建筑师很喜欢横向稳定的建筑。

三角形的优点

　　三角形建筑有其优点，我们不能
否定。古罗马著名建筑师维特鲁威写
了一本建筑方面的著作《建筑十书》，
里面提到建筑的基本原则有三个，即
坚固、实用以及美观。三角形具有天
然的稳定性，能够较好地满足建筑坚
固的需求。20世纪50年代我国建设
部门提出，我们的建筑要实用、坚固，
有条件时尽可能美观。20世纪50、
60年代，我国经济发展困难，所以
当时建筑的美观与否并不重要。这个
观念有一定的道理，今天仍值得我们
思考。

　　下面我们看看西方建筑师，特别
是欧洲建筑师所喜欢的建筑类型。图
1-7是18世纪一位法国古典主义建筑
师想象中的欧洲原始小屋，尽管从考
古学的层面来看这种想象未必成立。

图 1-7　原始小屋，法国耶稣会士劳吉埃
《论建筑》插图

图 1-8　罗马万神殿

那么，为什么欧洲建筑师会产生这样一种想象呢？大家看到图1-8就会明白，图中是公元前4世纪左右的土耳其建筑，现藏于英国博物馆，立柱门廊上的三角形山花十分明显，影响深远的希腊建筑就与此相同。到罗马时期，建筑技术得到巨大进步，建筑规模增大了很多，建筑风格也发生很大改变，巨大的圆顶是其主要特征，但立面上三角形山花依然显著。19世纪美国弗吉尼亚大学的图书馆，就是非常逼真的仿古罗马建筑，由美国前总统杰斐逊设计。

清华大学礼堂是20世纪初美国建筑师设计的，现在是国家级重点文物。建筑设计上虽然略有不同，但其中文化内涵的延续性非常清晰。我读书的东南大学的大礼堂也是如此，这是民国时期的建筑设计，材料和技术固然有所改变，但同样是欧洲古典建筑的仿本，模仿希腊建筑与罗马建筑的结合，体现希腊建筑的要素就是三角形山花。

图1-9　清华大学礼堂，1917—1920

图 1-10　詹姆斯教堂

20 世纪初，在西方文化的影响下，中国各地的建筑发生了一些变化。如图 1-10 中威海刘公岛上建于 1912 年的詹姆斯教堂，貌似中国传统建筑，实际上却有很大的差别，其主立面上引人注意的三角形山墙，按中国民间观念，有凶煞之气。

图 1-11 是美国建筑师设计的燕京大学（今北京大学）男生宿舍，外观很有中国特色。可是这一建筑的大门置于山墙下面，将三角形作为立面的主体，虽然美观，却不合中国传统。我前几年去台湾，在台北访学三个月，跑遍了台湾各地，其中一个小城叫鹿港，有一个日本殖民统治时期的礼堂建在马路边，大门之上是三角形的山墙。鹿港当地人都认为这一建筑与众不同，但到底是怎么个不同法，一般人说不清楚，我注意到的就是有煞气的三角形。台湾是闽南文化区的一部分，当然延续着中国传统文化的观念。

图 1-11　燕京大学男生宿舍，1921—1926

　　前面介绍过贝聿铭先生。在美国这样一个建筑师云集的强国，一位华人能在建筑领域出类拔萃，甚至成为最杰出的人士，是十分伟大的。建筑领域的杰出意味着拿到很多建筑工程项目，在欧美国家建筑项目中标，实际上等同于获大奖，在这样的竞争当中走后门的情况很少。有人说一个建筑师一辈子拿到一个大项目就相当不错了，而贝先生拿到过很多重要项目，无疑是一位非常成功的建筑师，同时他也很爱自己的家乡和祖国。

图 1-12　肯尼迪图书馆，1964—1979

图 1-13　苏州博物馆新馆，2003—2006

　　为什么贝先生的建筑设计在美国会大获成功呢？原因当然在于很多方面，我关注的是，他的设计中特别注重斜向线条以及三角形。在中国人的传统观念中，对于斜的东西有些敏感，无论哪一个方面的斜，斜的大梁、斜的柱子，都很容易与邪气相关联。孔子也说，"《诗》三百，一言以蔽之，曰'思无邪'"。贝先生的建筑成就包括美国肯尼迪图书馆（图1-12）、国家美术馆东馆等，卢浮宫的玻璃金字塔也是如此，到处都是三角形，尽管从平面上来看这些是可以不做成三角形的。贝先生也在中国设计了很多建筑，比如香山饭店、苏州博物馆新馆（图1-13）等，但是他与中国文化毕竟有些隔膜，譬如苏州博物馆新馆的三角形立面，我再欣赏贝先生也很难喜欢这一设计，因为我看到它就想起三角煞，想起那个尖锐斗争的年代，想到我们家最悲惨最可怜的一段日子。

三角形的煞气

　　"若见明堂三个角，瞎眼儿孙因此哭。"这是明代《阳宅十书》中的说法。古人认为宅前的三角形，即三角煞，会使人生病，使人命运不济。清末大臣徐桐家住京城东江米巷，紧靠使馆区，想必常常望见西式建筑的尖角，所以他自题门联"望洋兴叹，与鬼为邻"，或有具体指向。风水术中的糟粕和理性成分并存，我认为应该注意区分而不是一概排斥，因为直到今天在人们的日常生活中，此类说法太广泛深入了。国家的宣传部门似乎应当考虑如何对待风水，或者在学校的政治课上谈谈其中的利与弊，在我看来，经过冷静而充分的研究之后，风水术有可能申报非物质文化遗产。

　　图1-14是美国国防部办公的五角大楼，极具西方传统，深受西方人的喜爱，其特点是外观呈五角形，之所以这样设计是因为西方人喜欢尖角。图1-15里是16世纪的荷兰城堡，当时欧洲有很多这样的多角建筑，在军事防御上非常有效。这一设计对于今天的火器来说当然没有多少防御效果，但在当时火器威力还不太厉害的时候其效果是非常好的。这类建筑设计与当时的科技、军事工程等有紧密关系，造型也很有特点。在亚洲的很多地方，譬如印度，也可以看到这类建筑，因为欧洲人到东方来时战争很频繁。在中国古代这种设计基本没有出现，实际上这也证明，相对于欧洲的大部分地区来说中国是比较和平的，没有那样惨烈的战争。中国古代也有这样杀

图1-14　美国国防部五角大楼，1941—1943

图 1-15　荷兰布尔坦赫城堡，1593—1851　　　　　图 1-16　北京故宫角楼

气腾腾的东西，只是为数不多。宋代人就很喜欢三角形山墙，许多宋代的楼阁虽然今天已不存在，但可以从留存下来的绘画中看到。

今天我国留存下来的古建筑当中，最重要的可能就是明清紫禁城。故宫基本上得以完整保存下来，并且经过修复，其中角楼被认为是最美丽的中国古代建筑，原因可能主要就在于它有很多三角形。大家知道，故宫的四个角楼实际上是专司防御的碉堡。

再看一下香港建筑。图 1-17 中，左边最高的是中国银行大厦，中间偏右的是汇丰银行大厦，大家分别看一下，英国著名建筑师设计的汇丰银行大厦，当时是一个非常坚固而且实用美观的建筑，其中也有斜向构件，但是斜的力度不大。而贝聿铭先生设计的中国银行大厦，到处都是力度很大的斜线，根据香港的风水说或者普通老百姓的看法，就是无坚不摧的利剑。

几年前，印度尼西亚的华人商会请北京大学派几位老师去雅加达讲课。我去讲理性风水，但他们不太爱听，他们喜欢讲命理、升

图 1-17　香港中国银行大厦和汇丰银行大厦

官发财。有一位祖籍闽南的吴老板，请我参观他在雅加达市区的办公楼，这座大楼是由英国建筑师设计的，降温效果很好，很省电。考虑到东南亚雨水丰沛，阳台和檐口悬挑得比较大，加上欧洲人的偏爱，外形上有很多尖角，且倾斜度很大。这种多尖角的设计对主人来说是不错，但别人怎么看就不同了。

　　如图 1-18，吴老板办公楼对面的一座大楼，这座大楼的老板祖籍也是闽南，他很不满意吴老板大楼的尖角，认为这对他来讲是不利的，有凶煞气，于是在自家大楼的外墙上采取了一些诸如悬挂照妖镜之类的辟邪措施。

　　1997 年我参与一个新加坡国家古迹建筑的改造工程，位于新加坡乌节路总统府对面的资政第，是一个潮州移民建于 19 世纪的四合院。建筑本身虽然不大，但对面是总统、总理和其他高官办公的地方，位置十分重要。改造工程的目标，一方面要做一些功能性的改造，以满足美国芝加哥商学院的入驻要求；另一方面则是要把正对着总统府的角部拆掉，至于为什么要拆则不可言说。

图 1-18　雅加达吴氏大楼（上）及其对面大楼（下）

从实际位置来看，资政第院子的一个角冲着总统府。建筑师要把这个角拆除后，砌筑一道圆弧墙，圆弧的形态柔软没有煞气。圆墙内有一个小型的水院，院中一个小亭子，是我的设计。古迹建筑被不明原因地拆除一角，自然容易引起人们尤其是参与工程的建筑师猜测，本人虽不好乱说，但总以为可能与总统府内重要人物的健康有关。1992 年前后，新加坡两位副总理被诊断患上淋巴癌，他们当时都只有五十多岁，在物质富足、环境优越的花园城市，加之本来身体非常好，所以突然生病是很令人意外的。当国家领导机构交接之际，这两位未来的接班人的健康事关重大。新加坡是一个多民族的国家，受到欧美及印度、马来文化的影响都不小，但毕竟华人人数较多，受中国传统文化的影响较大。

三角形的稳定性

下面谈谈三角形的稳定性。大家知道，木构门窗如果变形了，最好的办法就是斜向用一根铁条将其固定。在西方建筑结构中，以斜梁和斜柱加固的办法十分常见。在中世纪的罗马风和哥特式建筑中，大家不但能够看到屋架整体的三角形，还可以看到里面有斜梁加固的更加稳定的三角形。后来，欧洲人把这种结构的制作方法带到了中国。

图 1-19 是民国时上海的一个仓库，大家可以看到，结构上到处都是三角形，其合理性主要在于节省材料。中国古代建筑有重木结构和轻木结构之分，不知大家有没有注意到，北京的老式建筑如四合院实在费料，过于浪费木材。一般中国建筑是做不到三角形结构这样节省材料的。欧美现在普通的住宅结构还是这样的，美国的

图 1-19　上海原永安公司新泰仓库屋架

图 1-20　澳门玫瑰堂屋架

房价较低似乎也与此有关。三角形结构的材料用得较少，建筑重量较轻，容易被台风吹倒，但从坚固性来讲一般没有什么问题。

图 1-20 是澳门的玫瑰堂，其屋架结构令人眼花缭乱，但是可以看出与内地常见的建筑结构不同，它的大斜梁从檐口直到中脊，而椽子水平放置。在中国建筑结构的发展过程中，斜梁斜柱实际上早期也有，但有一个从有到无的演变过程，貌似从理性走向非理性，这一点值得我们注意。

欧洲有一本非常有名的书叫作《西方建筑的意义》，我们在本科读书时，很多人将其当作《圣经》一样认真阅读，但是今天我对其中不少观点难以认同。我认为西方建筑具有实用、坚固、美观等特点是看得见的，也容易理解；而中国建筑从外观上不容易看出这些优点，但所谓意义应该是看不见的，而是隐藏在建筑背后。我希望大家能思考一下中国建筑深层蕴含的东西。我曾在一本书的封面

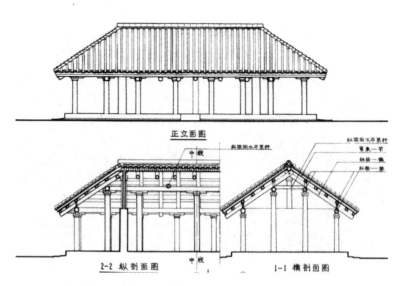

图 1-21　陕西扶风召陈村西周建筑复原图，傅熹年绘

上写道，中国建筑与西方建筑相比，看起来可能不那么壮观，不那么具有纪念性，但是我们不能忽视建筑背后的思想和意义。中国文化持续了几千年，在长期的经验积累中，我们的祖先有很多非常深刻的思考，这些思考可能在今天仍然有用，甚至非常符合今天有关生态环境的很多认识。

图1-21是三千年前陕西扶风召陈村建筑遗址的复原图，是由著名的古建筑专家傅熹年先生做的，值得我们信任。大家看到，这个屋架结构采用了大斜梁，屋面外观没有柔和的曲线。电视剧中汉代以前的屋顶都是直的，因为上面是大斜梁，西方的屋顶就是这种直线的。

前几年我们参与过一个考古遗址——战国到西汉时期贵州可乐遗址的规划。西汉时期这块画像砖（图1-22）上的屋架做法，似乎并不符合中国的习惯，而与西式的做法相符。图1-23、图1-24是山东东汉和洛阳北魏的

图1-22 贵州可乐遗址画像砖

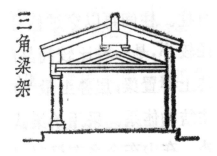

图1-23 山东金乡东汉朱鲔墓葬石室三角构架，孙机绘

图1-24 洛阳北魏孝昌三年（527）宁懋石室透视图，郭建邦绘

石室，并非实际的建筑，而是非常逼真的模型，从中可知，中国早期建筑中这种三角形的构架是很常见的，与我们今天所习惯的抬梁不一样。再看唐朝的五台山佛光寺和南禅寺大殿，其结构中的三角形依然存在，中脊下面有大斜柱，叫叉手，结构上起到扶持的作用。在北京的明清官式建筑中，则看不到这样的三角形结构，尽管这样的结构比较合理、比较省材料。

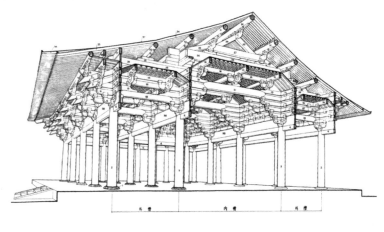

1 柱础	2 檐柱	3 内槽柱	4 阑额	5 栌斗	6 华栱	7 泥道栱	8 柱头枋
9 下昂	10 耍头	11 令栱	12 瓜子栱	13 慢栱	14 罗汉枋	15 替木	16 平棊枋
17 遮椽枋	18 明乳栿	19 半驼峰	20 素枋	21 四椽明栿	22 驼峰	23 平闇	24 草乳栿
25 蜀脊	26 四椽草栿	27 平梁	28 托脚	29 叉手	30 脊槫	31 上平槫	32 中平槫
33 下平槫	34 椽	35 檐椽	36 飞子	37 望板	38 栱眼壁	39 牛脊枋	

图 1-25　佛光寺大殿轴侧图，唐大中十一年（857）

从以上举例可以看出，我们的祖先早期显然是知道三角形的稳定性的，因而在建筑结构中有所运用，但随着时间的推移，三角形的作用不断退化、边缘化，甚至于消失。这是一个大问题，中国古代建筑中像这样的问题其实不止一个，我希望有时间能把这些问题好好整理一下。

　　中国古代建筑当中存在这样一种现象：早期的科学观念和认识，到后期却被忘记、被疏忽，甚至消失了。这不能轻易归咎于我们的祖先很笨、很傻，在全球交流日益频繁的今天，我想在座各位没有人会认为中国人很笨。我与国外学者交流也不少，相比之下觉得我们华人很聪明。那么为什么几千年的发展中会出现这种现象，一些非常好的认识会逐渐被忘记呢？其中必然存在一种意识形态，让我们祖先为了某种更崇高更伟大的目标，将某些看上去合理有用的东西扔掉。

　　图1-26是根据宋《营造法式》绘出的理想图，大家看到这个结构中仍有斜向的叉手和托脚，但是尺度较小，作用也不太明显。之所以说斜向构件逐渐边缘化，是因为在都城或核心城市，三角形

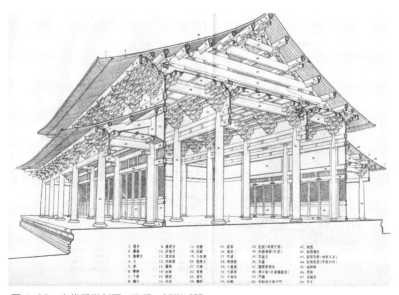

图 1-26　宋代殿堂剖面，叉手、托脚减弱

的结构越来越少见。但在一些边缘地区，在早先繁荣后来衰落的地方，我们还是能看得到的。譬如山西，大家知道，早期山西一定非常富裕，要不然全国 70% 的宋元以前的古建筑怎么会在山西呢？山西古建筑的木雕、砖雕、陶瓷等都非常精美，可毕竟后来衰落了，直到今天也不是很富裕。这里现存的大斜梁结构与北京官式建筑完全不一样。平遥民居就有这样非常简洁有效的做法，如果有铁件加固则更省料，更符合生态保护观念。

　　古代山东地区也很繁荣。齐国的知识和智慧毋庸赘言，但山东后来没有处于全国的中心地位。这里保存着较为奇特的建筑结构，如博山的无梁殿，是明清时期的建筑，它不是没有梁，而是梁比较小。通常我们讲一个人是国家的栋梁，那么这个人一定做了大事业。古建筑修复中栋梁非常重要，必须采用最好最贵的木材，并且需要隆重保护。我们在做泉州开元寺大殿修复时，大梁要经过许多仪式、

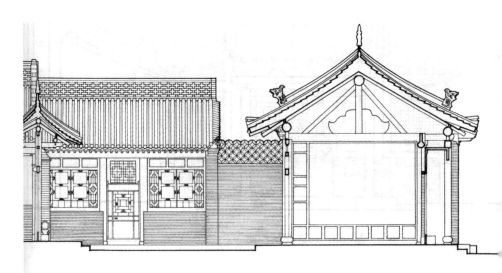

图 1-27　平遥城内清代民居剖面

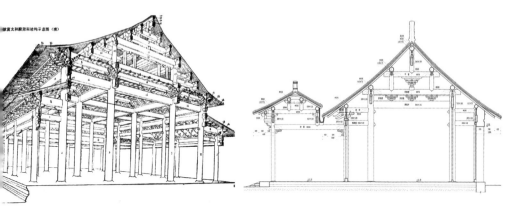

图 1-28　故宫太和殿剖面，康熙三十四年（1695），无叉手　　图 1-29　泰州明代城隍庙大殿剖面

由好多人护送到工地来。在开采和运输过程中，在加工安装就位之前，如果有女性从大梁上面跨过去，这个大梁就不能再用了。这是一种有争议的传统，但可见大梁的重要性。而博山这个无梁殿实际上是有栋梁的，但是材料很小，屋脊要靠四个大斜梁来支撑，中间斗拱重叠像一朵花一样。

北京故宫建筑中就不见这种结构了。譬如太和殿，大家看到其用料非常多，结构重重叠叠。如果采用斜向部件，则完全用不到这么多木头，而且故宫建筑有天花板，上面的重木结构完全看不见。我在北大镜春园做过四合院搬迁改造的工作，老建筑的材料实在太大、太好了，完全是没有必要的浪费。其他地方如江苏泰州的城隍庙，轻木结构用的是小料，也没有斜向的构件。

中国建筑之肉——圆融无碍

　　既然不认为我们的祖先很笨，也不认为自己很傻，那么中国古代这样做是不是有什么道理？这个道理可能比较复杂，今天谈一点自己的看法。

　　图1-30是福建土楼，被列为世界文化遗产。现在仍然在研究当中，学术工作并没有做完。中国过去不叫建筑而叫土木，建筑是从日本传来的外来词。所谓土木，就是说主要材料是土和木，这在很多地方包括北京的建筑中是看不出来的，但是福建土楼能看出来：从外观上看绝对土，从内部看绝对木；对外绝对土，对内绝对木。

图1-30　位于福建南靖县书洋镇下版寮村的裕昌楼，建于元末明初

图 1-31　恩施土家族宅　　　图 1-32　　平遥武庙戏台

它有一个特点就是不用斜向的构件。图中的裕昌楼是现存最早的土楼之一，由于不用斜向构件，时间久了会出现歪歪斜斜的情况。这是一个问题，不过也是中国建筑的特点。在西方建筑结构中，如果出现这种情况，那恐怕很危险，而在中国至少短时间内问题不太大，稍微支撑一下就可以维持很久。三角形稳定的道理人人都懂，不读书的人懂，读书的人当然多半也懂。

　　图 1-31 是湖北恩施的一处民居，已经斜得很厉害了，但里面仍有人住。房子暂时不会倒，只是因为斜得太厉害，怕屋檐出问题，居民就拿小棍子斜撑一下。中国古建筑维修的原因，通常不是因为建筑要倒，而是从外观上来看有一点倾斜，或导致结构开裂，不太好看。中国古建筑虽然看起来不大坚固，不大科学合理，缺少三角形稳定性的结构，但却有一个好处，那就是弹性非常大，很少倒塌，安全性很高。大家看到，这个建筑总共没有多少柱子，其中一根柱子倒了，整座建筑却没有倒。这和西方不一样，欧洲建筑若是柱子

断掉，那么随之整个建筑都会倒塌。所谓三角形的稳定性，好处是不会歪斜，但如果出现歪斜了，那就会在瞬间破坏。若从更大的角度着眼，这恐怕也是中国文明和西方文明的差别。中华文明虽然会出现很多问题，但其生命力极其顽强，几千年一直持续下来。大家常说，中华文明上下五千年，而从考古学的立场上看，已经持续七八千年了。

我们文明的特点是生命力非常顽强，西方文明却不是这样，许多曾经非常辉煌灿烂的文明可能一朝一夕完全消失。例如埃及和两河文明，曾经是人类最重要的起源，比中华文明的起源都要早，但是如今早已没有了。欧洲很多希腊以前的东西也都消失了，比如凯尔特文化等。而且，西方世界现在面临的问题很严重，恐怕比我们中华文明遇到的问题更大。

平遥有很多古建筑遗产，其中重要的国家级文物是城东的文庙。文武是一对，通常文在东，武在西。平遥城西就有武庙，由于中国人重文轻武，武庙与文庙相比显得简陋，但也有其遗产价值。前些年我去时看到主殿对面的戏台（图1-32），由于长期得不到维修，屋面已经歪闪倾斜得很严重，但显然不至于突然倒塌，甚至颇有些残缺美，可见其生命力非常顽强，它的美也非常顽强。

图 1-33　平遥民居木柱石础

再看看平遥民居的一些细节，这个柱子下部比较容易淋到雨，容易腐烂，因此老百姓装了一个可以抽换的垫板，这在中国南方也很常见。垫板的专业名称叫楯。按照西方现代的结构理论，这个东西在构造方面很有问题，它不够精确，允许少量的位移。然而在中国几千年的运用中，它实际上并没有造成什么结构上的危害，反倒起了某种缓冲作用，有时还是一种装饰。

斜梁斜柱，三角形

我在北京大学先前的工作单位是建筑学研究中心，那是民国时候的老房子，外观与北京四合院差别不大，但内部结构采用了西式的三角形桁架。三角桁架的优点是用料科学不浪费，但问题在于不能出现一点意外。教室里三角桁架的下弦杆以前有一点小毛病，所以学校工程部就打了一个铁箍防止破坏，但时间久了以后强度越来越弱，终于有一天下弦杆的裂缝突然加大，眼看就可能断掉，而且很明显的是，如果真的断掉，屋顶就会瞬间倒塌，而不会像中国古建筑柱子断了依然可以长时间维持着残缺美。老师和同学当时立刻全部逃出来，马上给学校工程部打电话，他们很快来了进行修复，使用的是东北松这样便宜的材料。

中国传统建筑为什么不喜欢三角形，不喜欢斜向构件，可能就是担心隐含的内在冲突及其可能导致的突然破坏。的确，斜梁斜柱很有斗争的意味。宋《营造法式》引用很多早期文献讲这个东西，如曰："斜柱，其名有五：一曰斜柱，二曰梧，三曰迕，四曰枝樘，五曰叉手。"这里所谓"迕"，是一个含有负面意义的词，"忤逆"指孩子对父母不恭，或下级对上级不敬，在古代是很大的罪过。

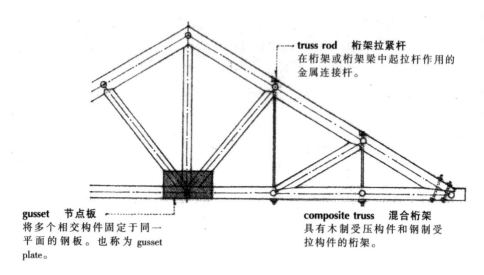

truss rod　桁架拉紧杆
在桁架或桁架梁中起拉杆作用的
金属连接杆。

gusset　节点板
将多个相交构件固定于同一
平面的钢板。也称为 gusset
plate。

composite truss　混合桁架
具有木制受压构件和钢制受
拉构件的桁架。

图 1-34　西式三角桁架

　　西式三角桁架就是忬的充分使用，非常科学、合理、省材料，受压受拉的结构分析很清楚。这符合西方文化的传统，毫无疑问，欧洲人是喜欢斗争的，与天地斗，与自然斗。英文中有"征服"这样一个词，爬到山顶是征服，打败一个人也是征服，战争胜利是征服，吃下去一大堆肉也是征服。中文中则很少讲征服，征服山，征服水，这在中国文化中是很愚蠢的想法。西班牙斗牛是一种继承古罗马习俗的娱乐活动，人与牛或牛与牛相斗就是"忬逆"的体现，中国虽然少数地区仍有斗牛的游戏，但是这种景象一般是我们所不喜欢的。我们常常讲和谐社会，讲维持稳定，就是不希望斗争。

斗拱与斜撑

有人说斗拱是中国建筑的灵魂，是中国建筑的标志。清华大学建筑学院里面有两个东西，一个是柱头，一个是斗拱，一个属于西方建筑，一个属于中国建筑。斗拱到底是结构作用大还是美观作用大，这一点争议很大。北京皇家建筑的彩画，其中最重要的是斗拱，方形的是斗，横挑的是拱。从一千八百年前东汉的建筑来看，斗拱已经出现，但其位置常常还有斜撑。汉代画像石上可以看到很多相关的图像资料，支撑挑檐的有的是斗拱，有的是斜撑。尼泊尔的传

图 1-35　蓟县独乐寺观音阁，辽统和二年（984）建

统建筑延续了斜撑的做法，斜撑实际上替代了斗拱的作用。中国很多地方性建筑，比如民居，常用斜撑代替斗拱。斜撑也可以做得很好看，例如在重庆、泉州，做成人物或狮子的形象。

在有些重要建筑中，斗拱和斜撑是并存的，间隔着交替使用。如果说斜撑是斜向的刚性结构，斗拱是垂直相交的柔性结构，那么斜撑与斗拱并用则是刚柔相济。图1-35是一千多年前辽代建造的独乐寺观音阁，在1976年唐山大地震中，蓟县（今天津市蓟州区）很多房子都倒塌了，唯独观音阁没有倒，可见这座一千年前的木建筑，结构虽缺少科学理性却仍十分牢固。观音阁很高很大，中间有一个结构层，这个结构层就用了斜撑，若非仔细观察难以发现。这是一个斗拱与斜撑并用的重要实例，在看得见的地方，特别是远距离可以清楚看见的地方用斗拱，非常壮观、美丽、灵巧；在看不见的地方则用斜撑。如果没有斜撑，各层都是斗拱，那么我想这个观音阁可能会倒；如果全是斜撑，没有斗拱的话，可能会发生大的位移和变形，或许也会倒。

全世界现存最伟大的木建筑是山西应县木塔（图1-36），也是一千多年前辽代的建筑，塔高六十多米，已经歪斜得很厉害，但仍没倒塌，是国家文物局重点保护对象。

图1-37是应县木塔的剖面图：结构九层，外观五层，两个明层间有一个暗层，与蓟县观音阁一样，看不见的暗层里面使用斜撑，远处能够看得见的地方使用斗拱。如果大家有机会到这个地

图1-36 应县木塔

方并且能够上去的话，千万不要忘记看一下暗层里的结构，四个暗层中全是斜撑。虽然应县木塔现在歪斜得很厉害，但一千年来终归没有倒。我想，若是没有暗层里的斜撑可能会倒，若是没有明层斗拱吸收地震和风带来的冲击力，可能也会倒，这就是刚柔相济的作用。

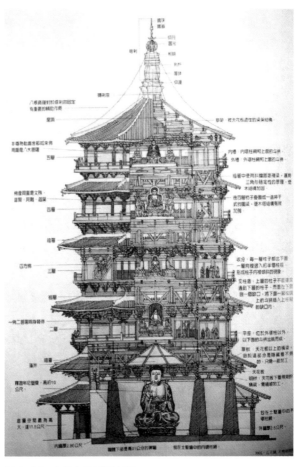

图 1-37　应县木塔剖面全图

中国传统木构建筑中的非物质文化遗产

◇马炳坚

马炳坚，高级工程师，注册建筑师。现为北京市古代建筑设计研究所所长，《古建园林技术》杂志主编。兼任中国文物学会古建园林专业委员会常务理事、中国建筑学会建筑史学分会学术委员、中国紫禁城学会理事等职。代表著作有《中国古建筑木作营造技术》《北京四合院建筑》等。

中国传统建筑样式

中国传统建筑经历了几千年的发展，形成了多种不同的建筑形式，主要的建筑形式有硬山、悬山、歇山（重檐歇山）、庑殿（重檐庑殿）、攒尖、盝顶等。这些基本建筑样式通过相互的组合，又可以形成形态各异的组合式建筑。

硬山建筑山墙和屋面直接相交，两山不露梁架。

图2-1 硬山（长椿寺）

图 2-2　悬山（神武门值房）

悬山建筑山面能看到一部分梁架，屋面向外挑出一段。

图 2-3　歇山（先农坛拜殿）

歇山建筑屋顶可分为上下两部分，上半部分是悬山，下半部分是庑殿，悬山扣在庑殿顶上形成歇山。其中一层檐叫作单檐歇山，两层檐则是重檐歇山。天安门就是典型的重檐歇山建筑。

图2-4　庑殿（新城开善寺）

庑殿屋面有四坡，四坡屋面相交形成四条庑殿脊和一条正脊，庑殿共五条脊，所以又称"五脊殿"。乾清宫和太和殿都是重檐庑殿建筑，这种建筑形式在我国传统建筑中等级最高。

四角攒尖建筑四面尺度相同，四坡屋面形成四条屋脊，顶部有一个共同的交点称为攒尖。攒尖建筑亦有不同形式，有四角、六角、八角、圆形等，如应县木塔就是八角攒尖。

复合式建筑是两种及以上形式组合而形成的建筑。故宫角楼造型复杂，但基本由三种建筑形式组合而成：中间是一座三重檐十字脊歇山，四面有四座重檐歇山抱厦，但两座是山面朝外，两座是檐

图 2-5　四角攒尖（中和殿）

图 2-6　圆攒尖（祈年殿）

图 2-7　组合式，也称复合式（角楼）

图 2-8　组合式（袄神楼）

面朝外。角楼所处的位置比较特殊，是城墙的拐角，因此其短边山面朝外，与城墙同向的一面檐面朝外。

通用法则

中国传统建筑尽管有多种建筑形式，但总的风格是统一的，这是因为它们在尺度、比例上，遵循着共同的法则（或规则），这个规则，就叫通则。硬山、悬山、歇山、庑殿等建筑形式都是按照这些通则去设计施工的。这些通则就是关于面宽、进深、柱高、柱径、上出、下出、收山、推山等的一些规定，下面以北方官式建筑为例，分别介绍。

面宽与进深：从平面上看，建筑都有面宽和进深。建筑由若干间组成，每一间的宽度是每一间的面宽。建筑各间的总宽度叫"通面宽"，同时，进深方向无论开间多少，总深度称为"通进深"；前后有廊子，廊子的进深为"廊深"。

柱高和柱径：中国建筑中，柱高和柱径存在相对固定的比例关系。一般来说，无斗拱的小式建筑，柱高是柱径的 11 倍左右。

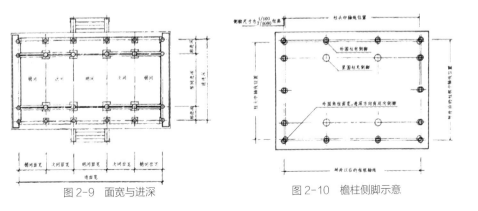

图 2-9　面宽与进深　　　　　图 2-10　檐柱侧脚示意

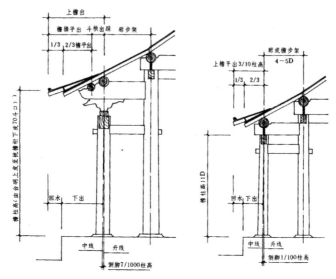

图2-11　上出·下出·回水

侧脚：古建筑外圈的柱子有侧脚。侧脚指柱子并非完全垂直于地面，是下脚向外侧出一个尺寸，这个尺寸一般是柱高的1%，就像人稍息时的姿势。

侧脚有利于建筑的稳定。明代以前和明代初年的许多建筑，其所有柱子都有侧脚。直到清代，才被简化为仅外圈柱子有侧脚。当然，也有部分建筑的柱子全都垂直，没有侧脚，比如牌楼。

"上出""下出"：中国传统建筑屋面向外挑出，有较大的出檐，称为"上出"。小式建筑的"上出"指椽子向外挑出的水平长度，约为柱高的十分之三。大式建筑的出檐是椽子挑出尺寸再加上斗拱挑出尺寸。

中国古建筑建在台基上，台基露出地面的部分叫作"台明"。台明的边缘要向外延伸。台明由檐柱中线向外延出的部分称"下出"。

下出的尺寸约为上出的 70% 到 80%，"上出""下出"二者的尺寸差叫"回水"，其作用在于保证屋檐流下的水不会浇在台明上，从而保护柱根、墙身免受雨水侵蚀。

斗口：大式建筑的基本模数是"斗口"。斗拱最下面是一个斗形的构件，叫"大斗"，又叫"坐斗"，坐斗迎面的刻口，称为"斗口"，大式建筑的所有尺寸都与其"斗口"有倍数关系。比如按清代工程的做法，台明的上皮到挑檐桁下皮为斗口的 70 倍。

步架与举架：中国建筑屋架中，两邻两檩向的水平距离叫"步"，垂直距离叫"举"。由于自下而上各步的举高不同，因此，中国古建筑的屋面不是一条直线，而是若干段折线，苫背瓦（wà，四声）瓦以后形成曲线，屋面自下而上角度越来越陡，叫作上尊（陡）而宇卑（缓），这种上尊而宇卑的屋面既有利于排水又有利于采光。

中国的木构建筑，每一步的举架不同，但其变化是有规可循的。举高与步架大小的比值称为举架，一般有五举（0.5）、七举（0.7）、

图 2-12　步架与举架

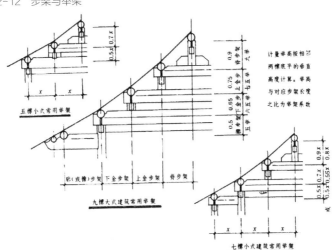

九举（0.9）等。

古代民居的屋面一般两步或三步到顶，两步到顶时第一步五举、第二步七举，一般建筑不管有几步，最大不应超过九举。祈年殿屋面顶端的举架达到了十三举，坡度远远超过45度。这是特例。

收山和推山：歇山的"收山"法则是指确定歇山式屋顶两侧山花板外皮位置的规定，即由山面檐中线向里一个檩径，为山花板外皮的位置。关于这一位置，不同朝代有不同的尺度，官式做法也与地方做法不尽相同。

庑殿的"推山"指庑殿正脊向外加长，导致山面除檐步之外的各步架逐次减小，山面屋面变陡的规则，通常做法是：第一步，角梁位置仍是45度角不变，从第二步开始推出步架的十分之一，第三步在已推出的十分之一的基础上再推出十分之一，依此类推；推山的结果是山面的屋面变陡，建筑则更添一分雄伟气势。

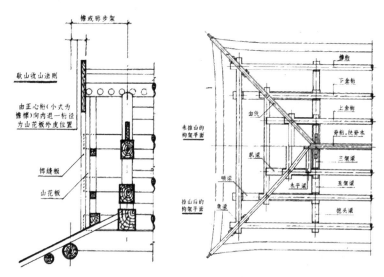

图2-13 歇山收山法则　　　图2-14 庑殿推山与不推山的梁架平面比较

权衡尺度

带斗拱的大式建筑以斗口为基本的权衡尺度。宋代材分八等，到了清代，斗口分为十一个等级，从一寸开始逐步增加，每半寸为一个级差，最大为六寸。

在实际案例中，并不是所有的斗口都用，四寸以上斗口的建筑基本上没有，只是理论上存在。四寸及以下斗口的建筑有案例，其中比较常见的情况是2.5寸，如王府的银安殿一般为2.5寸斗口。确定斗口后，建筑的规模也基本确定了。

古建筑木构建筑构件、部位间都有比例关系，是以"斗口"或"柱径"为基本模数，这种比例关系叫"权衡"。设计和施工都离不开权衡。有了权衡表，只要知道一个构件的尺寸，几乎所有尺寸都能计算出来（见表2-1）。除了木构件外，瓦、石等相应构件也应符合权衡比例关系。

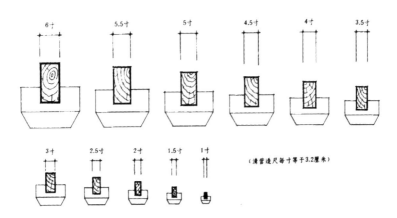

图 2-15　清式建筑斗口的十一个等级

表2-1 清式带斗拱大式建筑木构件权衡表   单位：斗口

类别	构件名称	长	宽	高	厚	径	备 注
柱类	檐柱			70（至挑檐桁下皮）		6	包含斗拱高在内
	金柱			檐柱加廊步五举		6.6	
	重檐金柱			按实计		7.2	
	中柱			按实计		7	
	山柱			按实计		7	
	童柱			按实计		5.2或6	
梁类	桃尖梁	廊步架加斗拱出踩6斗口		正心桁中至耍头下皮	6		
	桃尖假梁头	平身科斗拱全长加3斗口		正心桁中至耍头下皮	6		
	桃尖顺梁	梢间面宽加斗拱出踩加6斗口		正心桁中至耍头下皮	6		
	随梁			4斗口+1/100长	3.5斗口+1/100长		

节选自《中国古建筑木作营造技术》，马炳坚著，科学出版社2012年1月出版

榫卯技术

大量抗震实验显示，中国古建筑抗震能力远强于现代混凝土建筑。这是为什么呢？

一方面，中国的古建筑本体与其基础没有连接，地震的力能使它整体移动，但不会使之损坏，甚至其移动本身对地震的力还起到一定的消解作用。混凝土建筑则不同，它的结构主体与基础是一个整体，而且深埋地下，混凝土建筑与地震是硬抗。与深埋地下的基础紧密相连，一旦倒塌，后果十分严重。

另一方面，古建筑构件的接点都是榫卯结构，榫卯就像人活动的关节，遭遇大的震动，可以活动以削弱地震应力，其本身是不受什么损害的。

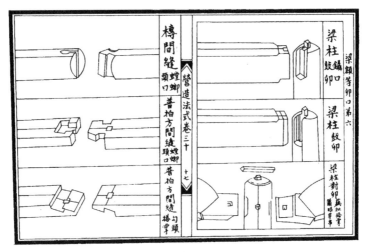

图 2-16　左：两枋相接，右：柱枋相接

图 2-17 是古建筑的柱子和柱顶石。左图中，基础和上面的石头是平放的关系，没有任何连接；中图和右图中，下部设有管脚榫，但并不是嵌固。爬山廊、牌楼等建筑做套顶榫，主要是为防止滑动和倾覆。

如图 2-18 所示，三架梁之间、中间的角背也凭榫卯结合，所有构件间都凭榫卯接合。

图 2-19 中，柱头的榫是馒头榫，外形像馒头，梁下有一个对应的眼，用来固定梁与柱。

图 2-20 中，柱子中间插的枋子上的枋子榫叫作"透榫"，即将柱子穿透的榫，榫穿透部分仅占柱径的一半。

箍头榫是用于转角部位的榫卯。转角建筑柱与枋的结合方式如图所示。为了做榫卯，柱子被剔掉了大部分，形成了四瓣，非常薄弱。箍头榫的作用不仅拉结力强，还起到箍住柱头的作用，弥补了柱头

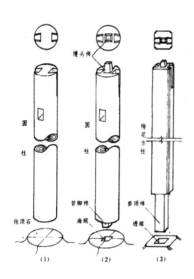

图 2-17　管脚榫、馒头榫、套顶榫

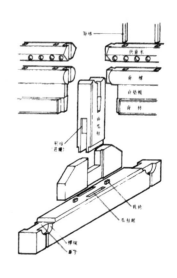

图 2-18　脊瓜柱、角背、扶脊木节点榫卯

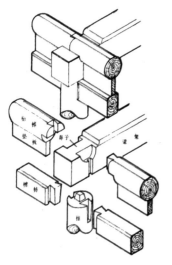

图 2-19　柱、梁、枋、垫板节点榫卯

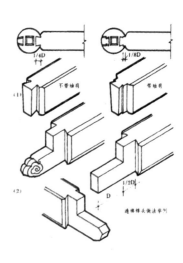

图 2-20　燕尾榫与透榫举例

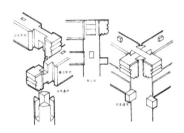

图 2-21　箍头榫与柱头卯口

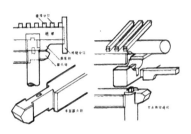

图 2-22　悬山梢檩、小式箍头枋榫卯

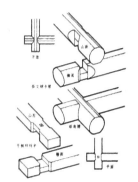

图 2-23　卡腰与刻半榫

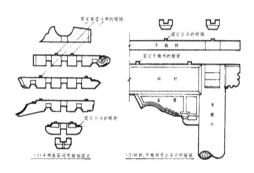

图 2-24　栽销的应用

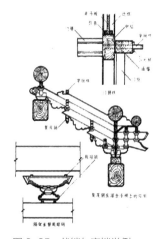

图 2-25　栽销与穿销举例

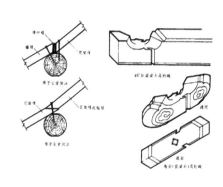

图 2-26　斜桁碗及椽子压掌榫

因做卯口损失了大部分的问题。榫头外一般会做一些装饰，图 2-21 中的这种装饰为霸王拳。

悬山建筑檩子向外挑出，下部的箍头枋通过柱头伸出，起拉结作用，垫板不贯通（图 2-22）。

檩子或平板枋相交时用的刻半榫或卡腰榫，用于转角处，两边各刻四分之一（图 2-23）。

销子是斗拱常用的榫卯，斗拱是一层一层叠起来的，每层至少要使用两个销子（图 2-24、图 2-25）。

45 度放斜梁的情况如图 2-26 所示。民间有说法是古建筑里没有一根钉子，这是不对的。古建筑的主要结构部分没有钉子。而固定椽子、望板必须用钉子。椽子与檩子之间无法做榫卯，为了把椽子固定在檩子上，需要在椽子上钉钉子。

木构件预制安装方法与装配式安装技术

大木制作必须要用丈杆。古建筑的木构件类型比较复杂，榫卯位置也不尽一致，单凭记忆很可能出现错误，因此发明了丈杆。丈杆是一种画线用的工具，上面标有构件的实际位置和尺寸，不同的构件有其相应的丈杆。

图 2-27 中的丈杆，檐柱的柱根、榫卯、枋子口等的位置都标得很清楚。

过去大木画线是有规矩的，不同的线代表不同的含义。如一条线上斜着画三道，这是截线，表示从这里截断；断肩线则不能截断；升线有四道斜线，用于柱子侧脚；另外画错时，保留的打叉，不保留的画圈（图 2-28）。

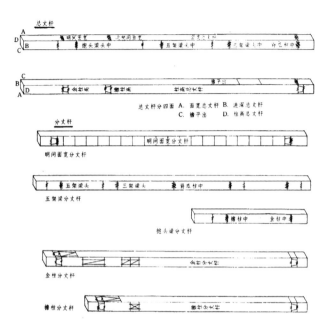

图 2-27　丈杆的种类及排法

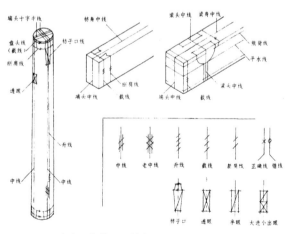

图 2-28　大木画线符号及其应用

在大木制作中，木材加工好以后，先要弹上中线，接着放上丈杆，按丈杆的尺寸点好位置，画上各种线，然后按线制作。

一个建筑的木构件成千上万，其组装是有规律的。制作之前，构件上要标明位置号，例如坐北朝南的三间房子，中间是明间，两侧是次间，每根柱子的名称确定，应先写明位于明间的哪一侧，是什么柱子，朝向哪一侧，如"明向东一缝，前檐柱朝北"，即指明向东侧南边那根檐柱。

大木安装要严格按照位置号，其一般程序和规律可概括为这样几句话：

> 对号入座，切记勿忘。先内后外，先下后上。
> 下架装齐，验核丈量。吊直拨正，牢固支戗。
> 上架构件，顺序安装。中线相对，勤校勤量。
> 大木装齐，再装椽望。瓦作完工，方可撤戗。

大木安装时也必须用丈杆校核尺寸，以确保安装准确。

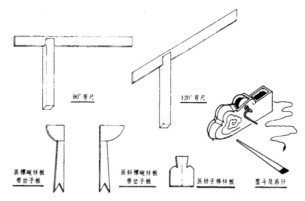

图2-29 大木画线工具举例

乡土文化与乡土建筑

◇李秋香

李秋香，清华大学建筑学院高级工程师，1989 年起从事乡土建筑研究。主要专著有《新叶村》《丁村乡土建筑》《十里铺》《流坑村》《郭峪村》《石桥村》《中国村居》《闽西客家古村落——培田》《川南古镇——尧坝场》《高椅村》等，编著《鲁班绳墨——中国乡土建筑测绘图集》（全8卷），主编乡土瑰宝系列书籍《宗祠》《庙宇》《文教建筑》《住宅》（上、下）和《村落》等。

人类文明大致有三类：一是商业文明，一是农业文明，一是游牧文明。中国是古老的农业国，属于农业文明。农业文明最突出的特点就是形成以村落为主的人类聚落发展的基本形式，村民以农业为主，也兼做各类小手工业、商业，他们守望相助，便于共同的社会文化生活。村落形态多为聚集型，也有散点聚落村，主要受当地经济、社会、历史、地理等各种条件的制约，历史悠久的多是聚集型的村落。

农业文明中，农业是经济的大头，农耕文明的遗产也是大头。就像中国的古代建筑，城市里皇宫御苑、贵胄府邸、公卿园林，可要看百姓们的老房子，还是要到农村乡下。从这个意义上讲，古代农耕文化遗产的重头在乡村。老百姓喜欢用"本乡本土"昭示自己的身份，用"乡下"来形容自己的家园，浓浓的乡土文化使乡村聚落与乡土建筑健康发展并延续至今。

乡土文化为乡土建筑的发展成熟提供着丰沛的文化滋养，而乡土建筑也为乡土文化提供不同的物质载体，建筑就如同历史的舞台，演绎着历史的一个又一个曲目。一个漫长的历史时期，中国的经济、文化中心在农村。村落里建筑品类之多样胜过一般的城市，连书院、藏书楼、寺庙也大多在农村，至于路亭、磨坊、水碓、畜舍之类的生产、生活配套设施，更是应有尽有，体系成熟完善。即便是城市里的建筑，建造的工匠们也大多来自农村，皇宫大都也多出自他们之手。他们农忙在乡，农闲就背上工具进城，建造起华堂美宅。从大木作到细木作，雕梁画栋、琐窗朱户，至少也并不次于城里。乡村文明不仅影响着整个城市文明的发展进步，也是城市文明的基础和依托。只有把乡土建筑作为乡土文化的一部分去研究，才能揭示乡土建筑与乡土文化相互依存、相互作用的历史。因为乡土建筑中保留的我们民族的记忆、民族的感情最丰富。不但研究中国古代建筑的历史，没有乡土建筑是不完整的，而且研究中国的文化史，也不能没有乡土建筑。

一、乡土建筑的基本概念

乡土建筑指在 20 世纪中叶以前，即 1949 年土地改革以前的传统村落。乡土建筑涵盖面较宽，在漫长的农业文明时期，中国绝大多数是农业村落，而那些商业、手工业、运输业比较发达的村落，或科甲连登、显宦辈出的村落，也多是从农业村落演变过来的。而且，在商业、手工业、运输业等发达之后，村里的居民大多仍然没有完全摆脱农业。即使是全国最强大的徽商、晋商，家族也有明确的规定，外出经商，不得携带家眷，也不许在外再婚和纳妾，目的就是迫使他们把财产带回老家买田地、置房产、建设乡里，创造一个最宜居的生活环境。因此，农耕时代除了完整的村落，在乡间会常见一些公益性小建筑，例如亭子（路亭）、桥（桥亭）、小庙、渡口、码头、关隘，等等。它们都属乡土建筑的范畴。

　　乡土建筑的基本构成是以自然村为主，他们的居住方式主要是在大大小小的村落里，这样既节约土地和基础设施，也可共同进行一些较大规模的生产经济活动和改造自然环境的活动，守望相助，维护共同的社会文化生活。因此，一个乡土聚落，在自然经济条件下，大致是一个生活圈，一个经济圈，一个基本完整的文化圈。总之，它是活生生的一个小小社会单元。在这个单元里，乡土社会必需的各种各样的建筑也几乎全都存在于内涵多样的村落里，服务于乡村的社会、经济、文化、家庭生活，并且适应着千变万化的自然环境，村落成为有机的整体。因此，即使在发展十分缓慢的农业文明时代，乡村聚落的类型也很丰富。

　　一个村落一个生活圈，码头、煤矿或一条流域内的若干村落，相同的民族和习俗，也会自然形成一个文化圈或一个经济圈。例如安徽徽州地区，它原属于徽州六郡，虽然之后将其部分划到江西，但它的文化体系、建筑风格、村落格局，各种民俗、礼仪、语言依旧与徽州文化圈同属。又如，山西临县碛口镇是黄河中游重要的水陆码头，它的经济辐射范围在方圆二十多公里，附近的村落因碛口水陆码头而形成发展，而支撑码头兴盛不衰的正是周边提供货源的专业村落，这使得码头与村落之间形成了相互依存、相伴而生的经济圈。

二、主要影响村落的原因及村落类型实例

传统村落丰富的类型是由多种综合因素形成的：

1. 自然环境，即气候、地形、物产、交通等因素对村落人口容量、生产规模、作物种类和布局结构的影响。

2. 社会文化因素的影响，村民是哪个民族，信仰什么宗教，是血缘村落还是杂姓村落，是农业为主还是兼有其他行业等。

3. 生产经济在农业中主要有旱作和稻作，有主种粮食和种经济作物之别，有纯农业和手工业、养殖业、渔业、矿产业等辅业是否发达等影响。

4. 建筑形式对村落总体形态也起到很大的作用。内向型住宅形成的村落以小巷为主，开敞式的住宅个体鲜明。

5. 少数民族的建筑文化传统会形成强烈而独特的村落面貌，如羌寨的碉楼、鼓楼、风雨桥。

6. 屯兵守边形成的军事性的村落。

当然还有许多有其他特点的村落，但较为集中的大致是以上几类。

农耕时代，人们相对固定在一定范围的土地上从事生产，凡开沟洫、辟山林、整田亩、建道路，以及保卫自己的利益和安全不受侵犯，都需要人际的合作，并因此形成有内部结构的社会单元。这种社会单元，最自然的是建立在血脉亲情之上的宗族，这种凝聚力的表现形式是建祠堂，祭奉祖宗。因此纯农业村落多以宗祠为中心来规划构建村落格局。如浙江省建德市新叶村叶姓血缘村落，最初围绕在大宗祠周围建造住宅，形成了一个以祠堂为中心的住宅团块。几代后，人口增加，经济好转便可自立房派，大祠堂之下的房祠则

建在主团块的周围，围绕着大宗祠。房派祠建成后，房祠成为本房住宅的核心及新的住宅团块，为本房住宅服务。如此循环，直到村落容纳不下，部分村民或房派再外迁去建新村。我们从叶氏家谱的里居图上看，新叶村从祠堂到房祠、厅的发展有五个层级，村落团块状格局及整体结构清晰。

农业村落是一个活的体系，没有一个村落是一次建成的，即使那种用深沟高墙围起来的、由军事营垒转变而成的村子，也经历了长期的变化。因此村落原有的结构形式会发生变化，其原因各种各样，通常以人口增加和经济发展引起来的为多。其次则是自然条件的变化和战争等原因所导致。但是，村落的类型特征有时并不是单一的，不同历史阶段会有并存因素共同起作用，以致会出现村落类型的转型。

距新叶村七公里的浙江省兰溪市诸葛村，初时也是以农耕为主的血缘村落，很早就形成孟、仲、季三大房，并各自建起以祠堂为核心的居住团块，各房派团块自成格局。由于地处丘陵，人多地少，自然条件不利农耕，位于旧官道边上的季房一派便做起往来路人的

图 3-1　浙江兰溪诸葛村

生意，形成一条小商业街。清道光年间商业街在洪杨战乱中被烧毁，损失惨重，很长时间无力恢复。诸葛村人只好利用上塘地段，围着水塘兴建起商铺。由于本村力量有限，便招募四邻八乡投资者前来经营商业和手工业，服务诸葛村及方圆十公里范围的乡村。

随着商业区的红火兴盛，商业区外来人口增多，并成立了商会组织，由此诸葛村分裂为"村上"和"街上"两部分，"街上"即以上塘为中心的商业区，由商会管理。宗族只管理"村上"，即传统的旧区的事务。这个事件具有重大的历史意义，它标志着诸葛血缘村落开始解体，向地缘村落转化，团块格局被打破，转型为开放多元的村落格局。

又比如，福建的土楼，是客家人从中原迁徙，经历几度辗转才到达闽粤地区定居的产物。几百年前，闽粤地区还十分荒蛮，自然环境恶劣，蟒虫出没，瘴疠遍布，盗匪横行，民族间战争不断，一

图3-2　福建土楼

个家族要想在此稳定发展，就需要一个稳定的居住环境。农耕社会生产力低下，人是最宝贵最重要的资源，有了人就可以拥有一切，因此，家族需要强大的凝聚力，共同发展，确保子嗣昌盛。

福建省的土楼以圆形的居多，也有方形的或多边的，它们的外墙封闭而厚重，沿外圈布置标准化的小家庭居室，中央是个大空场，空场一端，正对大门，通常有家祠。为什么建成圆形的呢？这是因为方形土楼通常方位感较强，住在一起，就有主房、次房等主次等级观念，且四角的房子不好使用。而建造成圆形土楼，就消除了这种方位的等级差别，所有房间相同，绝对的平均，有利于维护家族稳定，实现和谐发展。这些土楼体量都相对巨大，最大的圆楼直径竟达六七十米，居住近千人，因此也有当地人称大型圆楼为村屋，的确，一座楼一个村的人都够住了。由于圆楼建筑形制的特殊，村落的概念淡化，不成为村落，一个村子只需一两个或两三个圆楼就解决了，看不到街、巷和村落边界，没有明确的村落格局，但它依旧称村，是特定村落格局的类型。

再比如，地处北方山西省临县碛口的水陆码头，位于山陕黄河的中段，黄河和湫水河的交汇处，它的兴起是从水陆运输而形成的商贸小镇。这里土地瘠薄，靠着黄河却用不上水，农业十分落后。在水陆码头形成之前，村子沿着自然山坎沿等高线一层一层挖土窑洞居住，村落格局稀稀落落。水陆码头的兴起，使其经济的辐射力推动了周围一批村落的改变。例如，距碛口一公里的西山村，村民在参与到碛口的商贸后提升了经济实力，于是按照金、木、水、火、土五行规划村落，建五条巷子，规划了五个小房派的居住区。村子为了防御还建有寨墙，村内有各种公共建筑。原有的土窑改建成了青砖大瓦房，但建筑依旧采用当地窑洞的形式。

图 3-3　山西省临县碛口镇　　　　　　　　图 3-4　山西省阳城县郭峪村堡

　　再看山西省阳城县郭峪村。明代末年李自成农民起义军在山西一带非常活跃，阳城、润城一带是重要的煤、铁出产地，民间十分富庶。起义军为筹集军饷，在阳城、润城一带大肆劫掠大户和富村，几次洗劫后，很多村民为了自身和村落的安全，纷纷筹资建起高大的城墙、城门以及高大的豫楼来防范。短短十年间，郭峪村所在的北留镇很多村子建起城堡和防御楼。高大城墙围合的有血缘性的村子，但大多是杂姓聚居，村民共同集资建造城堡，大姓居村子显要位置，其他姓氏各居一处，形成清晰的居住团块。这样的团块很像农业村落的格局形态，但性质截然不同，没有明确的规划意图，团块之间也没有规律和必然联系，所以它的形态与血缘村落的团块结构完全不同。

　　再看湖南省通道县的侗族少数民族村寨，村落的结构方式中，由一些公共功能建筑作为核心，这与社会民俗的因素有很大关系。贵州省侗族的村寨，通常将公共性的建筑建在中央，称"鼓楼"。楼高二十多米，八面形，是侗寨最典型的建筑，底层空敞，十三层檐子，外廊的曲线柔美而挺拔向上，楼内地面中央有一个火塘。鼓楼犹如一棵大树庇护着整个寨子，住宅紧密地围绕它而建，它是为寨子服务的公共生活的中心，寨子的格局感很强。乡间路上，很远就能看到村落中高高的鼓楼，因此成为侗寨特有的标志性建筑。

　　安徽的宏村是一座富有诗情画意的江南小村，自然环境好，亦农亦商，村里历史上出了不少读书人，他们对家乡的建设不仅仅停留在衣食无忧、豪宅深院，还将人生的理想、情怀通过乡里的建设予以表达。村民利用自然生态的优势以及水道湖泊的便利，将村子建成了宜于居住、典雅秀美且具有文人气质的村落。

　　同是中国，南北差异很大。山西省临县招贤镇是北方典型的手工业小镇，它位于黄土高原的一条沟壑里，周围聚集了十几个小村，当地出产煤、铁、瓷土和陶土矿，很早就有人挖煤、烧瓷器售卖。

图 3-5　贵州省侗族村寨

图 3-6   安徽省黟县宏村

图 3-7   山西省临县招贤镇瓷窑村

为了生产和生活的便利，住家与开矿烧窑的场地混建一处，家家户户围绕着自家烧瓷的窑场来修建生活居住的窑房，一个团组就是一个小村。从塬上向下看，整个村貌十分奇特，一两座突起的馒头窑周边，是用大大小小的残缸废罐建成的居住窑，围墙、茅厕、猪圈也如是，呈现出一种随意涣散甚至颓败的状态。它与我们看到的农耕村落、小商业村格局完全不一样。

再看四川省茂县羌寨的少数民族村落，它的建筑呈现出强烈的民族特色。羌寨的村落都不是很大，住宅常选在半山坡上，或沿小冈山脊上建造，与住宅密切结合的是一座座高大醒目的碉楼。碉楼有许多功能用途，它是家庭的公共活动地，是生火做饭的厨房，是晾晒烘烤腊肉的烘房、储物间，既可居住，又能防御。为了防御，碉楼建得很高，成为村寨的重要标志建筑。

青海藏族自治州的许多村子，历史上山高人稀，战争不断，为了自保，这里的村子多建成圆形、椭圆形的夯土堡子，多数堡子初时是军堡，为战争的产物，后为民用，因此堡内的规划格局是整齐划一的军营形制，这类村落从规划到居住建筑，大小、高矮，甚至开间、形式风格也都基本相同。

泉州靠近海边的村子，大量采用的是梳状式格局，一条条巷道贯通村落前后，有利于通风、排水和采光。为避免台风，村子的建筑低矮，屋顶不易被掀掉，墙体厚，可以极大地减小台风对建筑的破坏；门窗相对小，隔热性能相对好，可减少湿热水汽过多进入室内。

乡土建筑中的村落由于不同的地域、不同的文化、不同的民族，形成各种各样的村落类型。在发育较好或发育成熟的村落里，我们更能感受到一个村落中建筑的丰富性，它就像一个生态系统，人们在满足了温饱和居住稳定之后，会想到追求各种精神寄托，建祠堂祭先祖，造庙宇祈神灵，修学堂昌文运，等等，就像一个生态系统，村落也有它的建筑的生态系统，这些系统越完善，村落功能越强，人们的生活环境越容易得到保障，人们的精神文化越丰富，越适宜长久居住。这样的村落大都经过几百年，甚至近千年的锤炼发展，

图 3-8　四川省茂县羌族村落的碉楼

图 3-9　青海黄南藏族自治州同仁县郭麻日村

图 3-10　泉州沿海村落

文化底蕴深厚，是一座生活博物馆，揭示农耕文明的重要密码就在
这里。

三、居住建筑在不同自然环境中呈现的多样性

　　村落中最多的是居住建筑，也就是住宅。

　　居住建筑的形制最为丰富多彩，而它的丰富是综合因素促成的，
这里只谈一下住宅在不同的自然环境中呈现的多样性。一个地域的
居住建筑从初始到渐而成熟，经历了一代代居住群体的不断完善和

创造，才有了异彩纷呈的各色建筑。1986—1991 年国内发行了一套民居邮票 21 枚，它的精彩让人领略了乡土建筑的丰富多彩。

居住建筑是人类生活中最重要的，也是变化最为灵敏的，同时，也是村落中其他公共建筑形制的原型。一切公共建筑的形式都是以住宅为基本形态，然后在使用中根据公共建筑的特性增改变化而成。

首先看不同地理环境下产生出的住宅。干栏式建筑主要集中在西南潮湿地区，俗称"吊脚楼"。底层主要功能是储藏，养牲口，堆放柴草、生活用具等，二、三层住人，其中二层有火塘屋，是家庭生活起居的公共空间。吊脚楼以原木为主，就地取竹木、草等材料建造，由于平面形制灵活自由，建筑上下通透，轻巧便捷，非常适合西南潮湿地区居住生活。

西藏处于高海拔寒冷地区，藏式建筑首先考虑保温、防御等功能，当地用于建筑的木材不多，建筑以石块、木料及白玛草为主，墙壁用大石块垒砌，下厚上薄，门窗小，结构稳固，外墙染上

图 3-11　四川合江尧坝吊脚楼

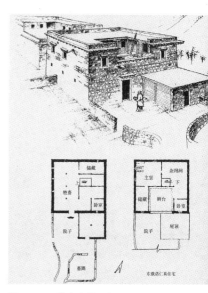

图 3-12　藏式建筑及其平面图

颜色，建筑外观浑厚壮观，十分封闭。

　　山、陕两省的黄土高原居住建筑以窑洞为主，由于处在干旱地区，植被稀少，即使是盛夏，放眼望去依旧一片土黄。当地缺少木料，为了生存，人们在沟坎、崖坎下挖窑洞来居住，一个窑洞一扇门，叫作"一炷香"。窑里空间很小，炕和灶占了窑洞的三分之二，大多不需要木构架的支撑，是最原始纯粹的生土建筑。平坦的地段也有挖"地坑窑"的，比起崖畔窑要进步很多，正正方方，有明确的主房、厢房的等级秩序，窑脸上砌有砖面，美观耐用，但依旧是土窑。

图3-13　靠崖窑

河北省蔚县西倚山西大同市，北枕张家口市，清代时曾属山西大同郡，是关外防范的前沿，地理位置十分重要。由于是平原，没有山脉做屏障，因此这里的村子，一个村就是一个城堡。村堡大多坐北朝南，村墙用夯土筑成，堡墙高大厚实，设有瓮城，墙上有马道供巡视之用。堡内规划严整，中轴贯通南北，南面是堡门，北面是玄武庙及其他小庙群。中轴村道两侧是巷子，排列着三合院或四合院。建成军营的平面形制，一是集约用地，二是利于防卫，一旦社会动荡或有战事，随时可以组织起来进行防卫。这是由于防御的需要而形成的非军用的军营格局。当然，四周平旷的村子到了冬季北风凛冽，高大的堡墙多少能为堡子内的住户挡一挡风，所以通常村子北部的建筑群都建得很高，还有这样一层风水意义。

广东省梅县被称为客家祖地，这里保留着最典型的客家围龙屋建筑。梅县多山地，为了保护有限的农田，人们将住所建在山脚处，因地势建造，这样的选择不仅保护了良田，还满足了中国人居家的风水讲究。围龙屋依小山坡而建，山脉称"龙"脉，住宅后部建半圆形，叫围屋。风水上说"山主人丁水主财"，将山包的尽端的"龙"

图 3-14　河北蔚县狭长形的四合院

图 3-15　客家围龙屋

包在住宅的后围屋内，称为围龙屋，会庇佑家族人丁兴旺。围龙屋的前面部分的中轴线上为厅堂和横屋，很规范，主要是家族的公共空间、祭祀场所。在厅堂部分两侧建有横屋，有一排的也有两排的，甚至更多，它们与后围屋相连，平面呈马蹄形。

围龙屋的前面均有月形水塘，有宽大的禾坪，家族的各种仪式均在此举行。为了家族未来的发展建设，每座围龙屋之间都相距很远，当人口增多时，向建筑的两边外扩横屋，后围龙屋也加建一圈，就这样一层层、一圈圈地扩大，在梅县最多有五围的围龙屋，可以居住近千人口。因此，梅县以客家围龙屋为主的村落，大多是沿山脚等高线散点式排列，即在田地和山脉边缘而建造，呈现的是一个个的个体建筑本身，没有村落的概念，没有街巷格局。

四、宗族文化历史与宗祠建筑

解决了温饱，人们开始追求精神上的寄托。祭奠祖先要建祠堂，住宅是建筑中最基本的形制，宗祠建筑则是基于居住建筑的中堂形制而形成。

商朝人们已开始祭祖，并且已经超过了神鬼崇拜。不过，那时对祖先的崇拜还没有完全摆脱神鬼崇拜，敬畏有余而缺乏人情味。到了周代，人们认识到，为了使宗族稳定，便要利用宗族内部血缘关系的天然秩序，赋予这种天然秩序以浓郁的伦理意义，使它神圣化，于是提倡孝悌。《礼记》中我们可以看到很多关于伦理关系进一步世俗化、制度化的记载，而这种精神的寄托体现的就是对祖先祭祀仪式和场所的规范化。每年清明人们会在坟前祭祖，在坟顶上用石头搭建一种用于祭祀焚香的小空间，称其为"石祠"或"享堂"。它虽不是正规建筑，但已有了"祠"的概念。

到了汉代初，平民的祭祀活动已非常普遍，但大多限于在露天坟冢上举行的野祭。到了祭祀的日子，家族中的男丁必须前往，但是一旦遇上恶劣天气，如刮风下雨，年老体弱者因路途遥远，一些人无法前往，且祖坟上的明器、幡子、供品等风吹雨淋，场面十分尴尬，有对祖先大不敬的感觉，因此人们的愿望是建一个能遮风避雨的场所来供奉祖先灵牌，这既是对祖先的崇敬，也是对族人的保护。

汉代之后宗祠建筑出现，但没有建筑形制的记录。宋代，宗祠建筑在文献中有了明确的记录。《朱子家礼》中对家祠建造规格、管理等都做了规范。清代祠堂的形制逐渐成熟并出现建筑形制上的细微变化。

1. 祠堂的基本功能

祠堂的基本功能是利用祖先崇拜，加强宗族的内聚力，而宗族是乡土社会主要的基本的组织力量、管理力量和教化力量。

宗祠产生的主要前提是，在农耕时代，一位"始迁祖"的直系后裔一代又一代地聚居在一起，形成血缘村落，建立起宗族组织。同时，祠堂作为祭祀祖先的重要场所，是家族的象征和中心，大的血缘村落里会有很多祠堂，因为宗族内部天然地会分房分支，才有总祠、有房祠、有私己厅、有香火堂，分成多级层次，有不同的等级规制，建筑的形制也因此有了一些变化。但是祠堂最终没有离开这个住宅的基本形制，在四代以内的先祖，依旧祭奉在家里的中堂上，设龛，立牌位，叫作香火堂。祠堂家族合族共建的，是村落中最高大精美的建筑。所以千百年来，宗祠建筑的平面形制变化较小，它要以保持香火堂的方式与子孙们血脉相通，密切接触。祠堂建筑无非是放大了的家中香火堂，因此祠堂的模式化程度很高。

图3-16　南方村落祠堂

南方村落祠堂规模大，大多建造得华丽精美，功能十分规范成熟。通常祠堂三开间，两三进，有些带附属院落，内设有专门的享堂，有昭、穆、祭厅、戏台、文武场、看楼等等，活动空间较大。

北方多杂姓村落，建祠堂的不多，但也有人丁较旺、经济实力还可以的建祠堂。不过比起南方村落的祠堂，北方村落的祠堂要少得多、小得多，质量也低得多。很多仅仅是单层一开间，内设简单的条案供桌。山西、河北、陕西一些村落祠堂，祖像、族谱全部彩绘在墙上，有些在墙上贴红纸，写上祖先的辈分和名讳，这样一旦出现水灾、火灾，或是建筑遭到破坏，家族传承的图谱也就消失了。祠堂上供祭牌位和谱系，则提醒族人依靠祖先的崇拜，将血脉连成一个共同体，凡生产、生活上遇有困难，如修水渠，遭遇自然灾害、战争等，相互帮助，合力解决。

祠堂里供祭先祖的牌位，每年举行全族的祭祀仪式，负责祠堂的日常管理。祠堂又是家族的行政机构，是一个法庭，有作奸犯科、违犯族规者，要在此受到惩戒。每年祭祖时搞些娱乐活动，看似犒劳辛苦一年的族人，其实真正目的是为了演戏酬谢祖先对后人的庇佑，所以祠堂是村落发育成熟过程中非常重要的建筑。

2. 宗祠的等级区别

宗祠到清代建制越来越完善，《礼记》中规定，"天子七庙，诸侯五庙，士大夫三庙，士一庙，庶民祭于寝"，普通老百姓只能在家里祭祀祖先。清世祖雍正皇帝在《圣谕广训》里给宗族定的四项任务中，第一项就是"立家庙以荐烝尝"，就是说，要修建宗祠来定期祭祀祖先。祭祀祖先是团结宗族最重要的活动，也是宗祠最基本的功能，这是早在《礼记》里就写得很清楚的：宗族稳定发展了，就能天下太平。

　　祭祖，向上看就是崇奉祖先，向下看就是确定每一个人在宗法社会里的血缘归属，简单地说，就是"认祖归宗"。生活在同一片土地上，确认共同的血缘，崇奉共同的祖先，是宗族的根本。对于一个繁衍了几百上千年的村落，人口众多，房派错综纷杂，只有建立起严谨的管理体制，确立自上而下的规范，伦理才可有序不乱。

　　在南方许多村落，宗族内一系人有了五代，就可以自立房派，当然，如人财两不旺，不立房派也可以。房派以下，三代可建支派。房派和支派都可以建造宗祠，浙江省把它们叫作"厅""众厅"，而不叫"祠堂"。房派以下的厅叫"私己厅"。不足三代的不能建厅，只许在老祖屋里设龛祭祀，叫香火堂。香火堂位于住宅的当心间，虽然规模不大，却是住宅最核心、最重要的位置。太师壁前的条案，供奉着作为祖先表征的"神主"牌，从祠堂分级上是最低一级，象征的是一个小家庙。众厅和私己厅建筑也有很堂皇的。

　　大宗祠是血缘村落中全族的总祠，是举族之力而建造，庄严气派，作为全族祭祀先祖的场所。除了总祠，有些村落历史上出有名人，还会为其建专祠，享受整个家族的祭典。它不是总祠，但等级相当于总祠。浙江省兰溪市的诸葛村有座大公堂，是为诸葛亮建造的一个专祠，整个建筑三开间四进，第一进三开间大门建成牌楼式，建造等级高，非常华丽，气势恢宏。每年春秋两祭时，在第一进搭建活动戏台，敞开过厅的门扇，与寝室内诸葛亮像正对，祭祀诸葛亮大公，酬谢先祖庇佑，村民看戏寓教于乐。总祠之下是房祠，又称为"厅"，厅房之下是更小一级的私己厅，每逢祭祖场面都很盛大隆重，最小一级的祭祖场所就是住宅的堂屋。

图 3-17　浙江兰溪诸葛村大公堂

　　北方的宗祠很多利用原祖宅而成，所以常常称为"老祖屋"，功能上没有增加，只是将住宅原本的香火堂升格，供上历代先祖的牌位，有简单的供祭设施，每年在此举行祭祀仪式时挂祖像，或直接将祖像和房派画在墙上。而江南地区祠堂的供祭设施很讲究，制作雕花的龛或橱，牌位放里面，左右为昭、穆，祭祀时悬挂上祖图，条案上供各种祭品。

　　少数民族村落基本上没有宗祠，但多有香火堂。图 3-18 是青海同仁县一个小村的祠堂（祖堂），由于经济条件有限，村落公共建筑发育不成熟，虽是血缘村落，但没有总祠堂，仅有经济条件好些的家庭各自建的香火堂，当地人称"祖屋"。这个祖屋建的位置

图 3-18 青海省黄南藏族自治州同仁县郭麻日村祖堂

十分奇特，建在村民自家住宅正房当心间之上，形成一个二层楼，作为专门祭奉祖先牌位的场所。村民认为祖宗是先人，是另一个世界的人，建得高于阳宅才是尊重，祖堂在高处，族人出入都在敬仰，也避免地面的嘈杂和脏乱。因为祖堂规模小，很难上去，每年只有在祭祖日才上去一次，香烛祭品均有限，也没有隆重的仪式，因为它只是一家的祖堂——香火堂的级别。

3. 祠堂的职能及管理

除了祭祖的基本功能，祠堂还兼有其他一些职能，它是集会和充当娱乐丧葬礼仪的场所，是宗族议事厅，是家族法庭，具有行政司法的职能，比如：诉讼及奖惩，交苛捐杂税，赈灾建义仓，建立乡勇武装，等等。

宗族董事会在管理以上事项外，还负责管理宗族的尝产（财产），包括：祭祀祖先，公有祖产的经营及使用，族谱的撰修，设立宗族的义仓、义塾、义厝，为家族鳏寡孤独者料理后事，举办各种乡里敬神游神活动等。

寿诞添丁　百姓生活中的活动很多都要有仪式，以彰显家族的体面和重视，也为活动带出吉祥效果，因此宗族房派内的活动很多都是由祠堂出资承办，如寿诞添丁。每年春节宗族统一在祠堂里举行仪式，谁家生了男孩（丁口），就在祠堂里挂上一盏灯，称为"添丁"。一年之后取下，再为新一年出生的男丁挂上灯。添丁是家族中的大事，人丁兴旺家族才能强大。对于年长者凡60岁以上整寿的，宗族也会给予格外的照顾，每年春节均可多分一份猪肉。

图3-19　祠室演戏

酬神演戏　每年的祭祖活动都会请戏班演戏，目的是酬谢祖先，也为丰富族人的文化娱乐生活，所有费用都是宗族出资承办。为了能让整个仪式规范，在建筑空间关系上不断完善，戏台与厅之间建有廊部，举行仪式时这里是文武场，演戏时就做看台，德高望重年纪较长者坐在前排，男左女右分席而坐，长幼有序，男女有别。

环境管理　村落环境治理全部由宗族管理，统筹出资规划天门和水口，维护环境，种植风水林、水口林，修水利、堆岗坡，营造一个村落小环境。现在很多乡村远远地就望到了白墙灰瓦的建筑，其实一个宜居的发育良好的传统村落，通常看不见村子，只能看到一片茂密的林木绿洲。民间常说，树木茂盛处有人家。这样的村落环境一定是优美的，生活方便舒适，规划井井有条，适宜居住。

1992 年，我们在浙江省兰溪市的诸葛村调研，村民给我讲了一个小故事。地处丘陵地带的诸葛村，生态环境管理得很好，抗日战争初期，第一次日军"扫荡"从村西路过，在一片小冈及茂密的树木掩映下，日军竟然没有发现有个村子。后来日军熟悉了这一带，才转过林子进了村，烧杀抢掠，对村落破坏非常严重，直到今日村中依旧能看到当年侵略者留下的痕迹。

村落堪舆规划　乡土村落的选址多堪舆而定，在自然条件不可能完全符合理想状态时，人们会依据条件不断改造村落环境，使它更符合村落发展的需要。广东省东莞有个小村子，一片平坦的谷地周围环绕着小山岗，十分安静，但是村里缺少生活水源，于是始迁祖在定居后，第一个举措就是引来相距几公里外的河水入村，修建了一条狭长的水面，村落围绕着水面建设：最前为村面，基本是宗祠厅房等公共建筑，背后是一条条的街巷，房派按宗族的设想有秩序地建在后面，组成居住团组，巷道为公用，任何人不能霸占，既有利于村落的通风，也便于村落的管理。

　　江西省乐安的一个小村落临乌江，始祖定居后，边农耕边放排谋生，风水师预言放排能致富，果然村落代代兴旺，便以木排状规划其村落。村中七条巷子，代表七个房派。为了方便村民生活，村内引乌水入村，修起一条龙湖，沿龙湖建起一条服务方圆一二十里的公共集市街，七条巷子一头通龙湖，一头通乌水码头，村子七横一纵的格局就形成了，因格局很像一把梳子，又称"梳式格局"。七横一纵的格局方便管理，方便生活，也方便水陆两栖业态的发展。

五、文教建筑

　　文教建筑指的是乡村里的私塾、学馆、书院、文昌阁、文笔、文峰塔等。旧时，再穷的乡村也会有文化建筑。中国的科举制度在隋唐以后才开科取士，对于农耕时代来说，开科取士是最为公平有效的晋升制度，因为取士不问家世，为平民、农民提供了一个重要的机会，是占据最大多数的农民有可能登上社会阶梯的唯一出路。为了这个梦想，牛角挂书、萤窗映雪的故事成为美谈，并造就了我国千百年来的耕读文化和耕读传统。

　　虽是文教建筑，但种类很多。

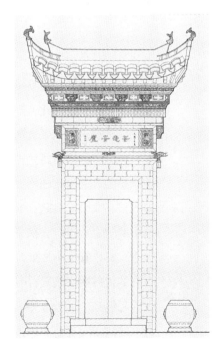

图3-20　吾爱吾庐——学堂厅

私塾是学习的重要场所，通常安排在住宅内比较僻静的角落，如果是家祠建的私塾，就要找一处远离喧嚣的地方，环境相对安静优美。私塾建筑通常外部封闭，内部十分开敞，一些讲究的学塾建得典雅悦目，书香气十足，目的是有利于子弟们静心读书。江南地区文化兴盛，几乎村村都有私塾、家塾或学堂。安徽黟县关麓村，村内总共四十几栋建筑，竟有十几座学堂。其中一座"吾爱吾庐"学堂，正房三开间两层，前面以游廊方式围合成一个四合院。学堂是青砖雕花大门头，雕饰均为吉祥图案，细腻华美。进入学堂院落大门，两侧游廊有坐凳和栏杆装点。在通向正房两次间的游廊尽头，一侧是椒叶门，象征多子多福，另一边是画卷轴，取书画有成的寓意。进到正房是学生读书的课堂，槅扇门、槅扇窗光线通透。学堂的天花板上画满了彩绘，其中鱼的图案很多，寓意吉祥有余，更深层的寓意是祈盼家族子弟如鲤鱼跳龙门，入仕登科成为人上人。

旧时的学堂大多只招收男孩子。清末以后，城市里开办了许多女子学堂，乡村文化意识强的家族也建起女子学堂，但与城市的学堂仅仅教授识文断字有所不同，乡村学堂更多的是学习女红等。福建省连城市的培田村民国初年建有一个妇女学堂，主要教村里年轻的媳妇们、待出嫁的闺女们三件事：其一，识字、算数，能给家人写封信，算个豆腐账；其二，学习刺绣和烹饪；其三，教授家族生活中的规矩，进行女孩子的教养训练。为什么培田村会想起办妇女学堂？其中有个小故事。

清代后期，培田村一个女子出嫁，由于不懂女性知识，产生了婚前恐惧症，迎娶的头一天晚上，女子用白布把自己下身包裹起来，身上还藏了一把剪刀以备不测。结果两三天后被夫家送回了娘家。这件事成为吴氏家族的奇耻大辱。为接受教训，家族开办了妇女学

图 3-21　题有"可谈风月"的妇女学堂影壁

堂，其中一项内容就是教给女孩子怎么对待婚姻，怎么相夫教子，以及生理期卫生等，并在妇女学堂的大门内侧影壁上专门题有"可谈风月"四个字，鼓励年轻的女子为求知识，不必害羞。

考虑到妇女学堂的特殊性，建筑外侧十分开阔，整座院落高墙相围，只有一个大门上有标志。院内只有正房三小间，其余为院落，有石凳、花草、树木，环境开敞舒朗，在这样的环境下，一群姐妹在一处学习，非常放松惬意。

浙江省楠溪江的溪口村，有一座明文书院，这座书院是宋代著名理学家戴蒙父子为研习理学而建，是楠溪江流域的第一座书院，是一些志同道合者在一起切磋研修学问的场所。书院不大，五开间两厢，两层，左右有小花园和菜园，一些学者慕其名而来，甚至常住书院交流、探讨，而平时村里的孩子又在此接受蒙学教育，因此小小的书院名气很大。楠溪江这类书院还有很多，它们既影响着庙堂文化，也为普众教育做出了重要贡献，所以，中国文化中心的火种在很长一段时间是在乡村的。

为了使家族文化昌盛，多出人才，乡村中常建有文昌阁、文峰塔这类有助文运的建筑，而文昌阁是文教建筑中最华丽的。浙江省建德的新叶村，文昌阁和文峰塔建在一起共助叶氏家族的文运，紧贴着文昌阁旁边，还建起一座土地祠，象征着耕读传家。

位于浙江省江山市保安乡南仙霞岭上的仙霞关很著名，它是当年郑成功的父亲郑芝龙躲到台湾之前所建的关隘，后来关隘处形成了村子。村人的上辈都是从武之人的守军后代，知道仅是莽夫没有用处。希望将来的子弟能多读书荣身，于是建起了文昌阁，供奉起文昌帝君，高大华丽的文昌阁象征着家族的理想。

文教建筑中惜字亭也很受重视，江南地区很多村落中都有，有些还建有仓颉庙供祭。江西婺源大多数村落的水口都建有水口建筑，

图 3-22　楠溪江明文书院

图 3-23　仙霞关文昌阁

其中之一就是文笔，一根六边形的石柱，顶上雕成毛笔头状，形如小塔，虽然是很不起眼的建筑小品，依旧寓意深远，昌盛文运。文教建筑类型还有很多，不再一一列举。

　　目前文化遗产保护越来越受到重视，乡土建筑作为历史的实物见证，是人类文明程度的重要标志，一旦损失将不可复生。乡村是我们的根，只有保护好这些文化遗产，乡愁才有所寄托。

图 3-24　浙江省建德新叶村文峰塔

古建巡礼：走上丝绸之路

◇曹汛

曹汛，北京建筑大学建筑系教授，1961年清华大学建筑系毕业，师从梁思成先生。曾任辽宁省文物考古研究所高级建筑师、台湾树德大学建筑系特聘教授、北京大学考古文博学院特聘教授。发表论文百余篇。

习近平主席提出"一带一路"和实现中华民族伟大复兴中国梦等一系列的畅想，我认为是符合我们中国人民长期以来的愿望的。从汉朝张骞以后，文化的交流和贸易的往来，在丝绸之路上形成了一个世界性的大动脉，人们通过丝绸之路来促进民族之间的联合交融。我们今天说的振兴中华，实现伟大复兴的中国梦，就是要与时俱进，继续走在时代的前列。

但是我发现习近平主席提出伟大畅想后，学者并没有很快跟进，为什么呢？难道学者们不愿意一同拥有一个强大的中国梦吗？难道中国的学者不愿意对丝绸之路的研究做出一些贡献吗？我觉得不是，这里面的困难就是学术界目前还处于贫穷阶段。学者的贫穷不在于钱包没鼓起来，也不在于穿衣吃饭，这些都不成问题。但是这么大的项目要操作起来，要想在学术界掀起一个热潮，让大家走到丝绸之路去，是很不容易的事情，我说的题目是我的一个梦。我今年已经八十多岁了，我研究建筑史五十多年，还有几件事情，觉得很遗憾在晚年没有做成，其中最重要的一项就是丝绸之路上的古建筑研究。

五十多年来，我走了全国很多地方，但还有宁夏、青海、新疆、西藏、福建没去过，这里面最想去西藏，主要是因为我见到过零星的一些报道，说西藏还有很多的唐代建筑。大家都知道在建筑史上，唐代以前的建筑发现是比较少的。日本人说中国没有唐代建筑，中国人要看唐代建筑应该到日本的京都和奈良来。那里相当于中国唐代时期的建筑有二十五六处，我们很多建筑史界的院士都到日本去过，媒体也有过报道。而我们国内，只有梁思成先生1937年发现一处晚唐年代的佛光寺大殿。这座大殿对于建筑史来说是非常重要的，它虽然是在山西一个偏僻的地方建的，但是具有宫廷背景，所以完全是官式的做法。日本的二十几处，虽然在数量上超过我们，但是都没有佛光寺重要。像佛光寺那么大的斗拱，这样的建筑在日本是没有的，有多少个也赶不上这一个，当然他们的年代比我们早。

新中国成立后，建筑界、史学界一直有一个共同的愿望，就是希望找到唐代和唐代以前的建筑。我后来只能在丝绸之路上来寻找。自《中国建筑史论汇刊》2012年第五辑开始，我连续发表了几篇文章，第一篇是《建筑史的伤痛》，为什么叫建筑史的伤痛？是因为我们有这么多好东西没有被认识到，没有被发现和报道出来，这是一个很大的伤痛。这个伤痛说起来，还有很多事情要做，就是说我们虽然有伤有痛，但更应该一起来做一些治疗伤痛的工作。所以我在《建筑史的伤痛》里提出几个重大的关于唐以前木构建筑和隋以前的古塔研究方面的突破。

先说一下唐以前木构建筑的发现。一个是在拉梢寺，这是北周时期的木构。拉梢寺坐落于甘肃省武山县的钟楼山峡谷中，在石崖

图 4-1　拉梢寺摩崖大佛及遮檐

上一共十六个斗拱，是直接从石窟上出来的，都是非常典型的标准的官式做法。这反映出一种早期的土木结构，即用土墙承重而不是木构承重，从土墙直接斗拱的做法。不仅仅是有斗拱的问题，斗拱以上椽子，在屋檐和屋脊，斗拱板都有。换句话说，完全是完整的建筑屋顶结构，把整个的摩崖的石窟当成墙体。

除了武山拉梢寺，敦煌莫高窟的 431 号石窟，一般认为是北魏时期修建的，但是没有考证过具体年代，也有人说是唐代重修，宋代又重修过。后来著名敦煌学家向达说这个窟是隋代的，但后来又说是北朝的。经过我的研究，这个窟的年代应该是北魏末到东魏初，更明确地说，是北魏东阳王时期（公元 324—545 年）。这是敦煌最早的木构建筑，比日本的法轮寺早四五百年。日本法轮寺申报了世界遗产最古的木构建筑，实际上我们的敦煌莫高窟第 431 窟，年代比他们早，我们也应该就着这个项目申报世界文化遗产。但敦煌

图 4-2　敦煌莫高窟第 431 窟

图 4-3　伯希和《敦煌图录》第七图《初游千佛洞》老照片（梁思成先生文转引）

的领导和各方面，他们对年代不重视，说我们已经是世界文化遗产了。

从考古学的角度也没有解决 431 窟到底属于哪个年代的难题，各个专家的推论不能作准，最后还是要以木构窟檐来判定。可以设想，如果是北魏的洞窟会不建窟檐不封起来，留下一个洞敞开，到了唐代和宋代才修窟檐吗？所以敦煌的这些窟檐被定成宋代，是由于他们敦煌自己人也不太了解这个东西的情况。其实现在中国的木材年代鉴定水平已经很高了，虽有一定的误差，但可以用木材的年轮学来校正。

图 4-3 是法国探险家、汉学家保罗·伯希和在中国的时候最先发表的 431 窟照片。当时他到中国敦煌是来挖宝的，并不懂中国的唐代建筑斗拱怎么鉴定年代，那个时候还没有年轮学这些东西，他当时定的年代是宋代。梁思成先生通过这个照片判断，觉得应该是唐代建筑，为什么一定说成是宋代建筑呢？当时伯希和已经是国际知名的专家，资历比梁思成先生老，伯希和回答他说，大梁上有宋代的题记。梁先生不大信，想亲自去看看，但没有去成，走到山西的时候，被一个部队给拦截下来，因为担心他投奔解放区。

后来中国有几位教授去了敦煌也没有看到大梁上的题记，便遵从了伯希和的说法。还有一位研究者萧默，和我是本科同学，他在敦煌也是跟着伯希和的说法，认为是宋代的。其实这里的漏洞是非常明显的，就是伯希和叫不出来中国建筑构件的确切名称。他说题在大梁所以是宋代建筑，他错了。如果真的在大梁上有宋代的题字，可以认定大梁以上是宋代的，可是实际上这些字并不是题在大梁上的，而是题在乘椽枋上，上面就是椽子，是换椽子后写了多少年重修，只换了乘椽枋以上的椽子。这是很大的漏洞。萧默亲自测绘，看到宋代题字是写在乘椽枋以上的。我们过去有一句话，洋鬼子浅

图 4-4　敦煌莫高窟第 427 窟

图 4-5　敦煌莫高窟第 437 窟

薄千万学不得，伯希和把我们唬住了，他以为有宋代题字就是宋代。这造成了一个误会。

敦煌还发现一共有四处非常重要的洞窟，过去年代都定错了。比如 427 窟的斗拱相当大，是级别很高的建筑。虽然 427 窟年代比 431 窟稍微晚了一点，但是 427 窟里面有彩画和木构件，并且还有北朝的佛像。而刚才说的 431 窟已经没有佛像了。

437 窟是初唐建筑，规模很大，号称是世界上最早的木构建筑，还有盛唐的小建筑，这个建筑物非常小，但是是我们所能见到唯一的一个盛唐的小建筑，和日本发现的一些民间的比较小的建筑差不多，但是它的年代，仍然比日本法轮寺的要早。这几个建筑的年代都是超过日本的，现在我希望考古界和敦煌的文物界能够在每一个木构件上取出来一立方厘米的木材做一个鉴定，给出确切的年代，这个也是敦煌方面应该做的，因为敦煌这几个窟的年代现在还没有考出来，我们如果能考出来比日本年代早，他们应该会感兴趣。

中国文物考古界一部分人坚决反对对木构年轮做鉴定，为什么他们要反对呢？说起来也很简单，就是他们怕这个检验出来的东西和他们以前瞎推断的东西矛盾，证明他们错了，所以就不让你去做，当地不做，我们别人也没有办法去做。

走上丝绸之路的第一步就发现，敦煌还有这么好的东西，而敦煌不过是在甘肃的这一部分，还没有进入新疆，我觉得还应该到新疆去，再往前走一大步，可惜我到现在一直没有走出去。

我最初认为在新疆有很大可能发现北朝和北朝以前的建筑，后来我的想法越来越向前推进，甚至觉得新疆很有可能还能找到西汉时的建筑遗存。这说起来好像有点天方夜谭，因为历史已经给出了结论，即东汉明帝时期佛教才传到中国，包括佛教的寺塔和寺庙，佛教的传教人士和经典陆续都传进来了。但是我们在新疆看到的一些塔，并不是佛教传到东都洛阳、然后从东都洛阳再往西传过去的东西，而正好是相反。

汉代张骞两次通西域，他到西域的时候，正好是北印度贵霜王朝时期。贵霜王朝是佛教的第二个发展高潮期，而中国的佛寺和古塔主要受当时东西文明交汇形成的犍陀罗风格影响。所以我现在认准一个楼兰的古城，城中的这个塔就是西汉时期的。因为那个时候楼兰在丝绸之路上是一个钉子，必须拔掉。在汉武帝的时候，朝廷派了一个大将，把楼兰城的国王杀掉了。后来张骞第二次通西域，到新疆的时候看过楼兰的古城和古塔。在我看来这座塔毫无疑问是汉武帝之前的东西，从照片看还有几个木构件，只要年代测定，一定会鉴定出它的年代来。

图4-6 莫尔寺佛塔遗址

图 4-7　带翼天人像壁画

　　为什么说在年轮鉴定之前能够判定呢？现在考古界几次去考察楼兰古城，一致认为楼兰的 L1 古城是座现代的城。这个塔还在，虽然顶上残破，但确实是典型的建筑大土塔。由此产生了一个问题，汉朝把楼兰国王杀了，楼兰古城废弃，然后回过头来汉朝重修古城，里面应该建设军事设施，怎么会回头修一个塔呢？从逻辑判断和推理来说，不可能灭了楼兰以后建塔，因为灭了楼兰以后用不着在这里建塔。

　　我后来想，在新疆地区恐怕不止一个西汉的塔了。还有疏附县的莫尔寺，在西汉时期，一边连通中国，一边连通中亚和西亚，犍陀罗塔里面发现希腊的一个人像带有两个翅膀，称为希腊的天使，不是希腊时期也是希腊化时期的东西。这证明在新疆的丝绸之路上南道和北道相交的莫尔寺应该是西汉的土塔。莫尔寺这个圆形的塔，后面还有一个方形的塔，年代比较晚，风格带有魏晋时代的特点。

还有安迪尔古城的佛塔，是早期佛塔里面最好的。附近的汉代建筑典型很多。

图 4-8 安迪尔古城佛塔遗址

　　米兰的古城，也有一个圆形的古塔。这些佛寺的遗址塔的形式都是差不多的，和犍陀罗圆形的土塔一样。

　　为什么出现这么多东西而没有人认识到呢？因为我们中国建筑考古还没有人研究过这个方面的东西，而西方的斯坦因到丝绸之路挖宝的时候，他定的东西年代都晚，为什么定得都晚呢？他来挖宝，对汉代时传到中国的贵霜王朝犍陀罗时期历史文化交流没有了解，丝绸之路最早的这一批东西他也不认识。他看的都是后来墓葬里面出土的文书，所以把一些汉代的建筑定成唐代的建筑。我们中国讲北朝的佛塔和佛寺，受到犍陀罗的影响，而不是直接来自印度。我们可以进一步思考，我国墓葬建筑有没有唐代的？这也是一个有意思的话题。

　　2009 年，新疆第三次全国文物普查，发现了一处位于和田市策勒县南部达玛沟水系的佛寺遗址，后被列为国宝，而且建立了一个博物馆。这个佛寺遗址四方形，很小，中间有佛像，使用当地的苇

图 4-9　位于新疆和田市策勒县南部的达玛沟水系佛寺遗址及平面图

子和荆条做的，外面是泥。最初定的年代是唐代，我觉得不对，从佛教的雕塑来看应该是北朝的，后来我觉得应该是早于北朝的。

在《汉书·爰盎晁错传》里面有一句话，"家有一堂二内"，这是一个什么概念呢？不是我们现在看到的，三个开间并列一明两暗。

尼雅的遗址，发现非常典型的衙署，完全是一堂二内，刚才我说的这么一个建筑的平面，如图是这样形状的。

唐代的玄奘在他的游记里记载了一些相关的故事，他说来到这里以后看见一个土屋平头，即土的房子，平的房顶。很有趣的是我们没有发现地上的土屋平头的完整遗迹，但是看到木头的龙头，应该是土屋平头的脊或者门头的装饰。还有一句话非常让我震撼，就

图4-10 尼雅遗址中部的官署遗址

是"家有佛堂"，他说到的地方每家都有佛堂。这句话了不得，有没有可能？是不是夸大？

　　我们看到达玛沟托普鲁克墩一号遗址被定成唐代。我最初认为是北朝的，后来觉得应该早于北朝，此问题尚需要进一步考证。后来我就发现，在新疆大概可以找到十几处像达玛沟托普鲁克墩一号佛寺遗址这样的"回"字形的平面。这些遗址形状很清晰，中是方形的东西，不是太大，两三米宽，周围有一个转厅廊，是木骨泥墙，在地上做地图，然后立木头桩子，木柱的承重，一边是十几根柱子。这样的遗址发现了不少。我最保守的估计年代应该是魏晋以后，里面或许可以找到更早的东西。希望听我课的人受到鼓舞，将来有机会在我的研究的基础上有进一步的发现。

图 4-11　尼雅遗址北部的佛寺遗址

生土建筑研究与实践

◇穆钧

> 穆钧，现任北京建筑大学教授、博导，兼任住建部现代生土建筑实验室主任、住建部传统民居保护专家委员会副主任委员、联合国教科文组织"生土建筑、文化与可持续发展教席"委员、中国建筑学会生土建筑分会常务理事兼副秘书长等职务。先后获得"联合国教科文组织2009年度遗产保护与传统创新奖"、英国皇家建筑师学会"国际建筑奖"、首届中国建筑传媒奖"最佳建筑奖"、亚洲最具影响力"最高荣誉设计大奖"、住建部田园建筑优秀案例一等奖、联合国教科文组织"国际优秀生土建筑大奖"等20余项国内外专业奖项。

生土营造的传统

从全国范围来看，传统建筑的类型丰富多彩，各个地方都存在因地制宜的传统民居建筑及其文化。过去，交通不发达，这些传统建筑的建造，都根植于当地的材料资源，最常见的材料是土、木、砖、石、竹。其中利用最多的两种分别是土和木。

中国古代在描述建造时经常会用到"土木"这个词，包括现在的"土木工程"也是这样的一个概念。在有据可依的古遗址里，最早的生土建筑可以上溯到半坡时期，在半坡的遗址里面有着大量的夯土遗存。再比如利用大量土坯建造的高昌古城，就地取材营造的

图 5-1　嘉峪关的土长城

交河古城，以及举世闻名的长城——在整个西部地区，包括嘉峪关在内的许多长城，里面的芯都是采用夯土建造。

关于生土的概念，我们需要有一个清晰的界定才能更好地理解——把土从地里取出来之后只需要通过简单的机械加工而非化学加工，就能作为建筑材料使用的材料，即生土材料。以这种生土材料作为主体建造的建筑，通常被称作生土建筑。在国际上，生土建造工艺的分类总共有二十多种；而在国内，比较常见的主要有六种，包括用草和泥土混合在一起的草泥，以及干打垒与湿打垒的砖类等。干打垒是一种夯的概念，在缺水的西北地区用得较多，而在南方，比较常见的是泥砖。此外，常见的生土建筑工艺还包括覆土、夯土

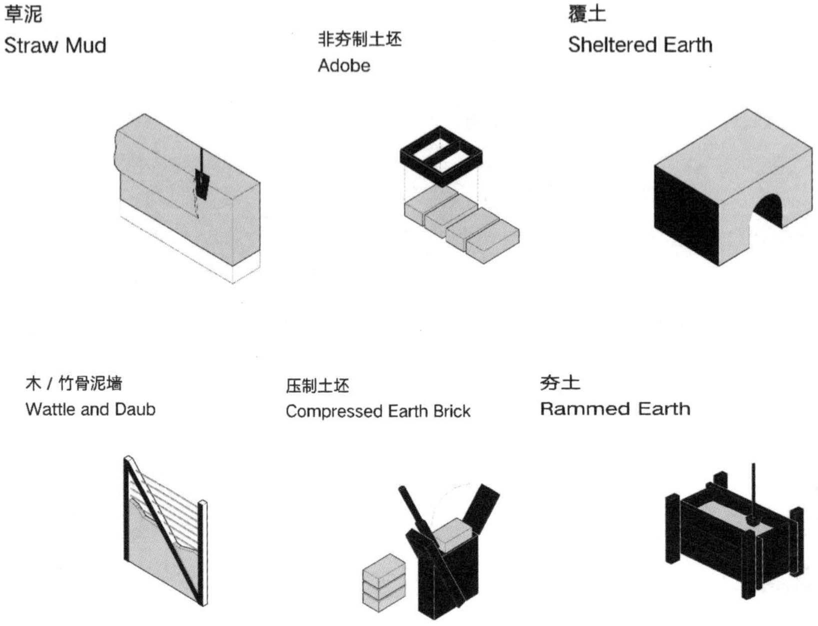

草泥
Straw Mud

非夯制土坯
Adobe

覆土
Sheltered Earth

木 / 竹骨泥墙
Wattle and Daub

压制土坯
Compressed Earth Brick

夯土
Rammed Earth

图 5-2　常见生土建造工艺的类型

以及木骨、竹骨泥墙。

　　每一种建造工艺，都取决于当地的气候和自然材料资源。就夯土而言，国内最常见的有三类。在青藏高原的藏区，木材资源跟人力资源较为丰富，只要有一户盖房子，全村的人都到现场一起夯，用大量木板和原木整层支模，一圈一圈往上夯筑，男人们在上面夯土，女人们负责往上背土料，甚至每个工序都会有一首对应的民歌，大家一起哼唱鼓劲。

在西南地区，因为很多房子需要适应地形，所以建造需要有一定的灵活度，像四川、云南、贵州的当地人会使用厚实木板制作成的相对短小的模板，像砌砖一样逐块依次夯筑，不仅节省了人工，而且可以最大限度地满足不同形式的建造需求。

而在西北地区，因森林资源非常匮乏，所以当地人用木椽捆扎的形式来做模板，夯完墙之后，木椽直接用于屋面建造，非常充分地利用了这些材料资源，整个建造过程不会产生垃圾。

生土，称得上是中国利用历史最为悠久，也是运用最为广泛的传统建造材料。在 2010—2011 年，住建部组织过一次全国范围的普查，结果显示，我国仍有至少 6000 万人居住在不同类型的生土建筑之中，生土建筑广泛分布于全国各地，不止于传统概念上有着窑洞的黄土高原或者有着土楼传统的福建，还有西南地区的蘑菇房、土掌房，青藏高原上的碉楼，以及新疆的喀什古城等。

遗憾的是，在过去的几十年里，生土建造的传统房子，一直被当作贫困落后的象征，所以但凡有点钱的人基本上都是把土房子扒了然后盖新房。正是因为这样的现状，许多传统的老匠人也都慢慢消失，生土的核心传统建造技术正在慢慢地消亡。

毛寺生态实验小学的经验与教训

传统生土有着冬暖夏凉等诸多优点，可是为什么没有人愿意住在里面呢？我从 2004 年开始涉足生土建筑研究，到现在已经十余年了。在西安建筑科技大学读研时，我跟着导师周若祁老师调研过陕西周边的许多农村以及村里的生土民居。在专业领域，大家都说

图 5-3　毛寺生态小学的建造过程

生土建筑冬暖夏凉如何之好，但实际上我们发现很多村民并不愿意住土房子，都想把它拆了建砖房。2003 年时，我申请去香港中文大学读博士，就以此作为研究课题，想搞明白到底为什么会有这样的现象，在当下生土建筑的优点该如何来利用。非常巧的是，当时我的博士导师吴恩融教授刚刚启动位于甘肃庆阳的毛寺生态实验小学项目，也正因为我的研究方向，吴教授指导我将该项目作为设计研究课题。

　　去到当地之后，我发现当地的希望小学都是砖混结构，冬天室内特别冷，上课时需要每个学生拿一块煤到学校来才能取暖。在做了大量的调研后，我梳理了当地可以获得的所有建造方法，用计算机模拟的方式试验哪些技术在冬天对于室内保温会有效果，经过研究发现，当地的传统土坯建造技术性价比很高，只需要一点点的钱甚至可能不花钱，冬季的室内温度就能上升不少。

　　举例来说，如果把240毫米的砖墙替换成600毫米厚的土坯墙，室内的气温平均会升高1.5℃，而造价并没有上涨。后来，我们利用传统的土坯跟木材，将其运用到毛寺生态实验小学的设计之中。当时我在这个村里住了一年，带着村民一起盖成了这个学校。经过测算，在墙体的厚度处理上，我们选择了1米这一当地箍窑的传统厚度，并采取一些措施将自然光引进室内。小学建成之后，我们做了测试，当夏天室外温度超过35℃时，室内的气温维持在20—25℃之间，冬天室外零下10℃时，室内没有人时的气温是5℃左右。而当有人在里面上课时，因为整个建筑的围护结构保温性能很好，小朋友散发的热量成为了采暖的热源，实际可以达到平均14—18℃

图5-4　建造完成的毛寺生态小学

的室内气温，完全不需要烧煤采暖了。而毛寺生态小学的造价，仅仅为每平方米 600 多元。

然而遗憾的是，我们后来发现，自己只是把传统的土坯建造运用在设计里，而对土坯的防水、力学等方面并没有进行大的改进，使得建成后的三四年撤村并校后处于闲置状态的小学，很快就出现了坏损的问题，特别是防水非常脆弱的女儿墙。再后来，村民自己"改造"了这个学校，将它变成了农家乐。作为建筑师在设计的时候没有对生土进行改良，没有有效地克服生土本身的缺点，这对于初期介入生土建筑的我，称得上是非常深刻的教训。

因为建造这个学校的缘故，我了解到，一条大河把这个村直接分割成两半，很多学生需要蹚过这条河才能上学。2007 年时，吴恩融教授就发动我们帮他们建了一座桥，也由此有了无止桥慈善基金，现在该基金已经成立了十周年。幸运的是，因为有无止桥这一个非常重要的支持后盾，在 2008 年的时候，我们有了第二次机会跟土做进一步的接触。

灾后马鞍桥村重建

2008 年汶川地震之后，当时凉山彝族妇女儿童发展中心的侯远高老师联系到我，说位于四川会理县的马鞍桥村与外界被一条大河隔绝，只有一座季节性的独木桥，极大地阻碍了村民们的震后重建。

当我前往村里详细了解时，得知当地的传统民居是典型的人畜共居的夯土合院，全部采用夯土建造，在地震中大量的房子受到了严重的损坏，甚至倒塌。当村民被问及准备如何盖新房子时，他们说自己再也不相信土了，更喜欢用结实安全的砖。但是，震后所有

图 5-5　马鞍桥村当地的老房子

的建造材料价格在当地上涨了两到三倍，即使村民买得起材料，大河的阻隔也使得建材的运输困难重重，何况处理原本的废墟也是一个问题。而当地村民的文盲率达到了将近七成，如何将建造方法教授给他们，则成为了最大的挑战。

我当时开始思考，如果利用生土建造，一定要找到改良的办法。经朋友介绍，我有幸认识了现在的好搭档、好兄长，结构专家周铁钢教授。周老师之前在新疆做了很多抗震的生土房，积累了十分丰富的生土建筑抗震设计经验。后来我们跟着周老师一起在整个区域做了大量的调研和震损调查。我们发现传统的老匠人慢慢地都过世了，进城打工的年轻人回来盖新房，因为盖不起砖混的房子，盖的仍然是以前的土房子，但过去的很多关键技术已经流失了。而且大家现在还要比着看谁家的房子盖得更高大更气派，却并没有做任何的抗震措施。周老师带领我们在现场做了一系列试验，研究增强土墙力学性能的办法，并对房屋的建造体系进行了梳理，改良了夯土施工工具，并规范了整个的建造工艺。比如，把竹子像钢筋那样，和构造柱夯固在一起，在打每一板墙的时候，加入竹楔子，进一步增强它的抵御水平作用力。

基于这些经验的总结，我们发动村民给其中一家困难户盖了个示范房，在这个过程中对村民进行培训，使得他们可以邻里互助地来盖房子。后来，几乎所有的村民都把原来的倒塌的房子拆了，用这些废墟来盖新的房子，并且在他们建造的过程中体现出了很多聪明的做法，最后的造价非常便宜。在当地，震后政府统建的砖混建筑造价将近每平方米 1500 元，然而村民自己盖的这些房子平均只需要每平方米 150 元。

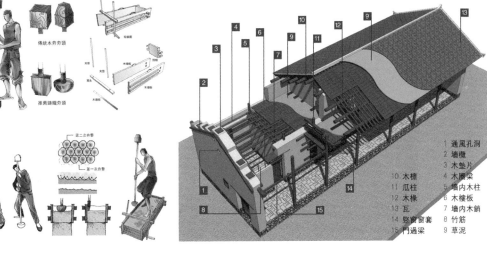

图 5-6　建造系统改良

　　传统生土建造技术之所以应用广泛，主要源于生土材料所具有的一系列优点——突出的蓄热性能，使得房屋室内冬暖夏凉；就地取材，可以因地制宜地建造；具有"呼吸"功能，可有效调节室内湿度与空气质量；具有可再生性，房屋拆除后生土材料可反复利用，甚至可作为肥料回归农田，等等。然而不可否认，传统生土材料在力学和耐久性能方面存在的缺陷，使得传统生土民居普遍存在结构安全性相对较差的问题。

图 5-7 马鞍桥村重建后的新房子

国际生土建筑界的两大趋势

在马鞍桥村这个项目中，具体资助无止桥团队的是香港的利希慎慈善基金会，他们当时资助了好几百万来做马鞍桥的灾后重建，因为房屋造价很便宜，最后省下了很多钱。基金会希望团队可以利用剩下的这笔钱继续研究，恰好当时我在香港中文大学的橱窗里看到生土建筑界的奥地利专家 Martin Rauch 组织的 BASE habitat 工作营招募，于是在 2010 年时就参加了此次工作营。也因为这个机缘，法国国际生土建筑中心于 2011 年邀请我去做了一个报告，我也由此进一步学习和了解了国际现代生土建筑的发展状况。

提到生土建筑在力学跟防水方面的缺点，在四十年前第一次石油危机出现时，国际上不少建筑师开始研究绿色建筑，其中有几位法国的建筑专家发现，二战后许多村民在废墟上就地取土做成的夯土房非常生态节能，但力学性能与耐水性能较差。于是，他们通过大量的基础试验研究发现，在常规的土中，真正起粘黏作用的是 0.002 毫米粒径以下的黏粒，其他的粉粒、砂、石均起骨料作用。如果像混凝土一样，将土、砂、石的比例进行合理级配，给予一定水分并进行高强度的夯击，它的抗压强度跟烧结的砖墙抗压强度差不多。因为它的密实度非常高，耐水性能也得到极大的提升。基于这样的原理，很多人甚至把它叫作生土混凝土。

事实上，Martin Rauch 的家，即是夯土建造的住宅。即便经过改良，但仍然有着相当的局限性，需要通过设计的方式去规避它的缺点。比如说，厨房里的土墙面沾上油渍会很难处理，但只需要在表面放置一片玻璃就可以把问题解决了。Martin Rauch 利用土建造了非常多的建筑，其中包括柏林"和解礼拜堂"，光从顶部洒下来，打在表面很糙的墙上，成为它自身特有的语言。除了 Martin Rauch，国际上还有许多研究生土的专家，比如做了大量沙漠别墅的美国建筑师 Rick Joy 等。

在国际的生土建筑界，主要有两个大的发展趋势。一个方向是针对发展中国家或者是相对贫困的地区，利用当地资源以高性价比的方式，解决当地的居住问题。另一个方向则是在现代建筑的运用上，如何将土作为一种新的传统材料，融入现代的设计体系中。

2011 年，法国国际生土建筑中心专门派研究员来教我们如何做土质的定量分析和级配试验。然而，由于欧美现代夯土建造技术是基于当地发达的工业体系，很多建造技术和机具很难直接引入我国贫困的农村地区。为此，我们基于现代夯土材料的优化理论，根据各地县级建材市场所具有的材料资源，进行了一系列本土化试验研究，最终开发了一套适合农村建房的现代夯土结构体系、机具系统及其相应的施工方法。

与此同时，在住建部和无止桥慈善基金的支持下，我们以甘肃会宁的马岔村作为基地，启动了一个名为 Earth School 的工作营，由六位马岔村的村民和十八位来自内地与香港的高校志愿者一起，在村里试验改良整个的房屋建造体系。基于以上的系列试验成果，我们召集了二十几位当地工匠，为马岔村一个困难户兴建示范农房，并以此作为技术培训。建设过程中，我将该项目作为本科生毕业设计题目，有三位学生驻守在村里，与村民工匠一起进行，将更多的精力聚焦于各种构造上，结合房子的功能去做这些构造设计。最开始时，村民对于新型夯土的质量没有概念，当时恰好有一处墙放线放错了只能拆掉，于是四个村民费了九牛二虎之力，用了大半天时间才把墙拆下来，他们由此才真正信服这种土墙有多结实。示范房建成后，很多有盖新房计划的村民对新技术很感兴趣，而且这些村民工匠已完全掌握了新技术，因此，在我们的协助下，村民工匠为当地村民先后新建了近二十户的新型夯土农房。

与此同时，在住建部村镇司的大力推动下，我们在甘肃、江西、河北、贵州、福建等地区，通过发动已成熟练工匠的马岔村村民，在驻场研究生的指导下，带领当地村民工匠，先后兴建了110余栋示范或推广农宅。根据各地区的统计，在同样的抗震标准与节能标准下，新盖的房子造价仅相当于当地的砖混房的三分之二。

虽然整个过程听起来很美好，但事实上也有不少遗憾之处。虽然团队跟村民说过改良后的墙面防水性能不错，不需要再做其他处理，然而在团队离开后，有些房子的外面被贴上了瓷砖或者刷了白漆。因为在很多村民的心目中，土是贫困落后的象征。

图 5-8　示范农宅建设

图 5-9 马岔村村民活动中心

图 5-10 在墙上夯了 PVC
管的效果

　　我们也由此开始思考，如何把房子做得更现代，从而慢慢地改变村民的一些认识误区。后来我们设计了马岔村村民活动中心，在2016年完工，并在这个建筑里尝试了许多新的试验。建造完成的这个村民活动中心，目前已经正式运转起来。里面进驻了一帮当地老爷子组成的皮影戏班，还有个年轻人在里面经营自己的淘宝店。然而，这个房子快要竣工时，村里的大妈问了驻场的学生："你们这房子什么时候贴瓷砖？"

　　通过亲身实践，我们深深地体会到，一项技术要真正具有生命力需要经过市场环境的检验，而不能脱离市场。只有在人们的需求和整个工业体系共同作用之下，才能看出它是否适用于今天。

　　同样，在城市的现代商业建筑中，我们也尝试运用土这一材料。在2013年的万科大明宫楼盘夯土墙景观工程中，就采用了传统的

图 5-11　万科西安大明宫楼盘夯土墙景观工程

生土材料。当它与现代的语言交织在一起时，我们依然可以感受到传统的味道，但是它是以一种全新的方式呈现出来的。

经过这些年的努力，许多人对于用土建造房子的观念已经改变了很多。还记得 2004 年到村里从事相关的调研建造时，身边的朋友、同学对我们的行为表示很不理解，而我们被问得最多的问题是为什么要去做土房子。到了 2015 年前后时，我们经常会接到电话，问如何去做土房子。社会的认知，行业的发展，在这几年都发生了很大的变化。在这样的背景下，再回头去看农村时，不难发现当下的农村面临着两个问题——如何盖新的房子？原来的旧房子怎么办？

人们经常会用"传承"这个词，然而很多时候只是用"画"来表达传承，画出斗拱，画个"穿斗式"，在我看来，这些只是浮于表面的做法。事实上，在历史中，传统民居一直是处于动态发展的状态。它受到几个方面因素的影响。首先是自然要素，比如气候、地理地貌，尤其是材料资源。其次是人文要素，包括生产生活、社会结构、文化习俗，等等。今天人们所能看到的传统民居，与过去相比，自然要素的变化大致不大，但是人文要素却发生了翻天覆地的改变。在这样的情况下，人们是不是就一定要住在原来的老房子里呢？或者是把所有原来的传统全部否定，建造与过去完全没有联系的新房子？我认为，这两个极端都不合适，我们也许需要追寻的是二者之间的一个平衡点。

在做毛寺生态小学时，我的导师吴恩融教授带着我们去建造新的桥，然而因为大家都是建筑学出身，没人懂得桥梁的建造。于是吴教授专门去英国请教了诺曼·福斯特的御用结构大师 Anthony Hunt。Anthony 听完描述后非常兴奋，在餐巾纸上画出了一个方案，三叉结构，铝镁合金材质。然而，后来团队对此进行预算，发现造价需要 300 多万，这在村里根本没有可能实现。后来吴恩融教授再次去找了 Anthony，给他专门看了村民自己做的独木桥。沉默片刻之后的 Anthony 说，其实你们不应该来找我，你们最好的老师应该是那些村民。原来，每年的汛期之后刚好是 10 月份，村民用收割下来的玉米秸秆编成一个筐子，把筐子放置于刚好是基岩的河床之上，然后往筐子放置大石头形成桥墩，再在墩上放置木杆，整座桥就完成了。原理非常简单，但事实上确实是很聪明的做法。而它的问题是当大水一来时，泡在水里的玉米秸秆在长时间浸泡之后容易腐烂，继而被水冲走。

我们对此做了改良，采用有着 PVC 包裹的镀锌材质网箱作为桥墩，耐水性能非常好，然后在里面装上石头，既而把镀锌的钢架"放"上去。之所以不把它固定，是因为一旦固定在上面，大水的冲击力非常大，会连整个桥墩一起冲垮。而把钢架放在上面时，即

图 5-12　村民自己做的独木桥

图 5-13　建造完成的新桥

便大水来袭，被冲走的钢架也只会沉在旁边，等水过去之后把钢架抬上来这个桥就算修好了。在原理上，新桥与旧桥相同，差别之处在于我们采用了新的材料跟科技完成了这一作品。

这座桥的建造，过程虽然并不复杂，但成为了我们在往后的实践研究中非常重要的启蒙。

我们的目标并不是取代混凝土

许多人会提及中国传统建筑文化的传承，但是在我们看来，如果在技术上不做任何的改良和发展，谈论文化的传承难免显得单薄。只有技术的发展与延续，才是建筑文化不断发展的根本基石。条件和需求的多元化，决定了在任何一个地方盖房子时，最适宜的方案绝对不是"一刀切"的做法。直到现在，仍然会有很多人问我，做这个生土是打算取代钢筋混凝土吗？我的回答是否定的，因为即便土的性能得到改良，在强度和防水性能上也不可能比得过钢筋混凝土。然而，正如人无完人，所有材料都有其优点和缺点，关键在于我们如何来利用各种材料的优点，改良或规避其缺陷。而站在全国的层面看当下的农村，所谓的建筑文化传承，面临的最大挑战之一是技术选项太少，不论走到哪里不是钢筋混凝土就是烧结砖。而我们这些年一直在努力的，其实就是希望能够把过去被人视为贫困落后象征的"土布"，通过技术革新变成健康环保又可以做得很漂亮的"纯棉制品"，为农村建设提供更多选项，使得当地的人们可以基于当地的资源条件和实际需求，找到最适宜的"选项"，实现因地制宜的多元发展。

图 5-14　生土建筑展览现场

　　关于土这一传统材料的探索，我们也在教学上进行了新的尝试。我结合设计课程，教授学生如何去夯土。2017 年恰好是无止桥慈善基金成立十周年，在住建部村镇司和北京建筑大学的支持下，我们发动来自北京建筑大学、西安建筑科技大学、中国香港和美国的 30 多位大学生志愿者，利用暑假在北京建筑大学校园里举办了一个生土工作营。以工作营的方式加工并筹备了国内首次以生土建筑为主题的展览。我们希望在总结团队这些年工作的同时，向大众系统地普及传统生土建筑相关的知识，纠正人们一些认识上的误区，并吸引更多人关注传统建造智慧的传承与发展。

辉煌的紫禁城

◇晋宏逵

晋宏逵，毕业于北京大学历史系考古专业，先后任职于北京市文物局古代建筑研究所、国家文物局和故宫博物院，曾任故宫博物院副院长、中国文物保护基金会副理事长，从事中国古代建筑历史研究和文物建筑保护工作。现任故宫博物院研究馆员，中国紫禁城学会会长，故宫研究院古建筑研究所所长。主编《清内府绘制乾隆京城全图》《故宫古建筑修缮工程实录——武英殿》《明代宫廷建筑大事史料长编卷》等专著。

大家都知道，北京故宫是中国最伟大的文物之一，是世界文化遗产。今天的故宫占地 106 公顷，拥有超过 16 万平方米的古建筑，是中国最完整的古代宫殿建筑群。故宫博物院收藏有 186 万 2690 件（套）馆藏文物，其中绝大多数是清宫旧藏，而且在全国范围统计，我国最珍贵的文物接近半数收藏在故宫博物院。这么丰富的文化遗产在全世界也是罕见的。联合国教科文组织认定故宫"在世界范围具有突出的普遍的价值"，所以在 1985 年将其列入世界文化遗产名录（后来沈阳故宫也追加进入明清故宫的遗产名录）。2016 年参观故宫的观众突破了 1600 万人，展现出故宫无穷的魅力。这些观众中，当然有一些专家、研究人员，他们的目标很明确，是去研究"金、石、铜、瓷"这些珍宝和书画；而更多的观众可能就是为了参观古建筑，亲身体验在故宫的院落中穿行的感觉，观察在古代殿堂中的那些宝座，通过那些见所未见的陈设品，想象在其中发生的故事。这正是故宫博物院区别于一般的现代博物馆的地方。古建筑是故宫博物院最大的一类藏品，是需要大家保护珍视的大文物。

我们把帝王宫殿所在的城池叫作宫城。从秦建立大一统的帝国算起，中国古代几乎每个王朝都建设了自己的宫城，但是 2200 多年来，只有北京故宫完整地保存下来，所以它是中国古代宫城建筑的唯一标本。这组宏伟的建筑群非常生动地体现了中国古代的政治制度、礼仪传统和民族生活习俗，它的建造历史中也充满了故事。

一、明清皇宫建设简史

创建明代北京城的是永乐皇帝朱棣，他推翻了其侄建文帝朱允炆而登上宝座，中间当然遇到了很多抵抗，所以就希望离开南京回到北平，因为那里有属于他的燕王府。在明代，燕王的属地也被称为燕国，有他的雄厚的统治基础。但是这个愿望朱棣不便明说，所以在明代文献记载中对于开始创建北京城的时间说得有点含糊。只是说，永乐四年（1406）闰七月初五的朝堂之上，以淇国公丘福为首的文武大臣请建北京宫殿"以备巡幸"。这一天皇帝决定派遣大臣去四川、湖南、湖北（湖广）、江西、浙江、山西监督开采木材、烧造砖瓦，并征集在南京和京畿地区以及河南、山东、陕西、山西、凤阳的驻军，河南、山东、陕西、山西、南京和京畿各府的民工，明年五月到北京上工。至于永乐五年五月到底开工没有，就没有直接记载了。但是从四年的朝堂会议之后，砍伐大木材的工作就开始了。工部尚书宋礼在永乐五年三月报告说，在四川马湖府，人们砍伐了大木，无法搬运出山。一个夜晚，有几株大木料，不借人力，自行冲出大谷到达江水中，这是山川的灵气促成的。于是皇帝将所在大山封为神木山，建祠立碑。北京也留下了神木厂的地名。而实际上，木材的砍伐搬运极其艰辛。嘉靖时有一位工部营缮司官员叫龚辉，也被派往四川采木。他请人把取得大木的过程画了二十张图（包括"山川险恶""跋涉艰危""蛇虎纵横""采运困顿""飞桥渡险""坠木吊崖""饥饿流离""焚劫暴戾""疫疠时行""天车越涧""巨浸漂流""鬻卖偿官""验收伐运""转输疲敝"等），他自己写了《采运图前说》和《后说》两篇短文，收录在其文集《西槎汇草》中。烧造砖瓦的工作同样十分艰苦，也有嘉靖时期的工部官员写了一篇《造砖图说》，但是原图已经失传，估计体例也与《采运图说》相似。这说明，为了建造新的首都，广大人民付出了难以统计的代价。

图6-1　明龚辉《采运图说》之"蛇虎纵横"

　　永乐四年的时候，北京城的格局，应该基本是元大都的旧貌，只是在原来的皇城内，兴建了燕王府。所以永乐时期的任务，是要按照南京的模式，改造元大都；还要把燕王府改建成紫禁城。我们分析，建造紫禁城任务的初期，地下基础工程应该使用了大量的人力和材料。一个证据是紫禁城拥有完善的排水设施，下大雨时从不积水。另一个证据是故宫重要建筑的地下都有非常深厚的基础，可惜这方面留下的资料很少，不够系统。最近几年，故宫博物院开展了考古工作，发现了几处地下建筑基础。这说明在故宫地下的确存在着我们观察不到的庞大的基础工程。它们使故宫建筑经受住了几次大地震的考验。因此，我们判断永乐五年开始兴建北京宫殿是可信的。

　　永乐七年（1409）五月初八，永乐皇帝还决定在北京昌平建设陵寝，后来命名为长陵。十一年（1413），先埋葬了六年前在南京逝世的徐皇后，以此表达迁都北京的决心。十二年（1414），又开凿了南海。十四年（1416）八月二十八日，皇帝命令建造一座西宫为"视朝之所"。我们分析这是因为要拆除旧"燕王府（行在所）"宫殿，在旧地盘上营造新皇宫。回到南京之后，十一月，他再次下诏群臣讨论营建北京。这一次群臣都改了口，说"漕运已通，储蓄充溢，材用具备，军民一心，营建之辰，天实启之"。十五年（1417）二月十五日，朝廷正式任命了总管营建北京的班子（陈珪、柳升、王通），公开加紧了北京城的建设。十七年（1419）十一月，将元大都丽正门南城墙向南拓展二里。到永乐十八年（1420）十二月，这个伟大的工程竣工了，从此奠定了北京城市和宫殿的基本格局。不幸的是四个月后，三大殿毁于火。次年，乾清宫也烧毁了。直到永乐皇帝的孙子执政的正统五年（1440）才开始了三殿两宫的重建工程。正统年间，朝廷还按照南京模式建设了北京的五府六部，建设了北京城门城楼和石桥，最终完成了永乐的蓝图。建设北京城的整个过程，从永乐四年到正统七年，即从 1405 年到 1442 年，延续了三十七年。以后的明清两代各朝，都根据自己的需要不断完善紫禁城的功能，其中明嘉靖朝、清乾隆朝是两次建设高峰期。嘉靖三十二年（1553）建造了北京外城。此外，明清各朝的建设基本都是在永乐奠定的格局下进行的。

当时北京城的格局，中央偏南的中心区域是皇城，它与北京城使用同一条中轴线，整个皇城都是为皇宫服务的禁区。经过大明门、承天门（天安门）、端门到午门进入紫禁城。端门东西，分别是太庙和社稷坛。东华门东南是东苑（南内），玄武门北是万岁山（景山），西华门之西是西苑，其余都安排太监内官的衙署、库府、作坊和寺院。皇城外的京城才是市民的生活区。清代则全盘继承了明代的建设成就，只是开放了皇城，不再是禁区了。

二、紫禁城的功能分区

皇宫从明代中后期开始称为紫禁城，永乐创建的时候处处以南京的皇宫为蓝本，只是更加宏大与辉煌。这座城池经过了周密严谨的规划。城内以大大小小的院落为基本单元，按照使用功能总体分为三大区域：外朝区域、内廷区域以及衙署和内官服务区域。外面环绕着防御系统，成为一个严密封闭的结构。

防御系统包括紫禁城墙、城门、角楼、护城河和宿卫值房。城墙平面是长方形，南北长 961 米，东西宽 753 米，墙高 10 米。四面各建一座城门，南面正门名午门，中央开三个门洞；两翼还各开

图6-2 故宫角楼与护城河

一个门洞，叫掖门。东西北三面城门分别叫东华门、西华门和玄武门（神武门），都在长方形墩台上建重檐庑殿顶五间门楼，只有三个门洞。城墙四角各有一座精巧美丽的角楼。护城河宽52米，河岸用条石砌成，俗称筒子河。宿卫值房在城墙和护城河之间，明代是分散的，叫红铺。乾隆时期连成在东西北三面的围房。

外朝区域在城内南半部，包括三组院落，就是中轴线上的三大殿、东侧文华殿和西侧武英殿，组成一个"凸"字形状。此外，午门也承担着重要的外朝功能。

三大殿院落是外朝的核心，院落南面还有太和门广场，是出入外朝的总枢纽。广场中部横贯一道弯如彩虹的内金水河，河面跨五座石拱桥。河南，东侧有协和门（左顺门、会极门）通文华殿，西侧有熙和门（右顺门、归极门）通武英殿。两侧廊庑中设置内阁等机关的文书机构。在国丧期间，左顺门也充当常朝之所。三大殿院落正门是太和门，是一座正门、左右各一座角门的"三门"格局。太和殿东面，有体仁阁（文楼、文昭阁）和左翼门。西面，有弘义阁（武楼、武成阁）和右翼门。南、东、西三面的各门与楼间均用廊庑联结，形成封闭院落；院落四角各立一座重檐歇山顶的崇楼。所有建筑均建在高台之上。

外朝的左翼是文华殿院落，前有文华门，主殿是前后两座大殿，中间用直廊联结起来，成为"工字殿"。左右各有配殿。明初文华殿是皇太子视事的宫殿，嘉靖皇帝时改为举行皇帝听儒臣讲学（即"经筵之礼"）和斋戒之所，还因此把建筑的绿琉璃瓦改为黄琉璃瓦。殿东院是传心殿，是祭祀先师先圣的场所。院落最北端有乾隆时期建设的藏书楼文渊阁。

外朝的右翼是武英殿院落，建筑形式类似文华殿，但内金水河流经武英门前，建有石拱桥，比文华殿华丽。武英殿明代为皇帝便殿，明清之际，李自成在明崇祯十七年（1644）三月打进紫禁城。四月二十九日，在武英殿宣布帝号，次日撤出北京。清军进入北京，摄政王多尔衮也在武英殿处理政务。清康熙十九年（1680）开始在武英殿设修书处，这里逐渐成为"词臣纂辑之地"，也就是皇家出版社。

内廷区域在外朝建筑之北，总体呈一个倒"凹"字形，与外朝嵌合在一起。内廷是皇帝举行"常朝"即日常听政的场所，同时也是家庭的居住区，建筑较密集。布局如同城市，用南北向的四条街，即苍震门前直街（俗称东筒子）、东一长街、西一长街和启祥门夹道，将内廷分为五个板块，即中轴线上的后三宫和御花园、东侧的内东路、再东的外东路、西侧的内西路、再西的外西路等小区。

中央板块前也有一个广场，叫乾清门广场。广场东西狭长，东侧有景运门，通往奉先殿和内廷外东路。西侧有隆宗门通向内廷外西路。北侧中央高台上是中央板块正门乾清门。门两旁琉璃门为内左门、内右门，通往内东路、内西路。

中央板块核心是后三宫，也是用一系列的门、庑围合成长方形院落，中央高台上建后三宫，即乾清宫、交泰殿和坤宁宫。虽然形制与三大殿类似，但其院落面积仅及前者四分之一。后三宫北是御花园。

内东路和内西路在明代是对称的，连街门的名称都是对称的。内东路和内西路的核心是东、西六宫，布置在乾清宫两侧，每个宫都是一个独立单元。东六宫东列：1.延禧宫 2.永和宫 3.景阳宫；二列：4.景仁宫 5.承乾宫 6.钟粹宫；西六宫三列：1.永寿宫 2.翊坤宫 3.储秀宫；四列：4.启祥宫 5.长春宫 6.咸福宫。清代咸丰时期将启祥宫和长春宫改成一个院；光绪时期又把翊坤宫和储秀宫改成一个院。所以清代晚期西边实际是四个宫。东西六宫之北，明代建有东西五所，做皇子们的居室。清乾隆时期先后将西五所改建为重华宫和建福宫花园，供自己使用。另外在宁寿宫的南、北建了南三所和兆祥所作为皇子们的居所。东六宫之南，有奉先殿、毓庆宫、斋宫等建筑。西六宫之南则有养心殿。在西六宫之西明代建有一组宗教建筑，叫隆德殿。清代改建为中正殿，它的南面建造了一座雨花阁。东西各宫南北隔以长街，东西限以小巷，各设街门巷门，规整清静。宫外围着红墙，正南建华丽的琉璃砖门。门内有前殿后寝，配殿耳房等成组建筑，有的院里还有水井。东西六宫是妃嫔住所，实际上帝后也时有居住。养心殿是清代雍正朝以后的政治中心，皇帝实际在这里居住和日常处理政务，因此在乾清门广场靠近养心殿的地方，建起了军机处，掌握清廷枢机，清代政治格局为之改变。

外东路在明代建有外东裕库和供前朝嫔妃养老的仁寿殿等宫殿。清代康熙年间改建为宁寿宫，奉皇太后居住。乾隆三十七年（1772）至四十一年（1776）进行彻底改建和添建，专为乾隆"归政"后使用，故俗称太上皇宫殿。太上皇宫殿布局也是前朝后寝，而规模远逊于紫禁城。其前朝部分正殿为皇极殿，规制模仿乾清宫。后殿为宁寿宫，前有宫门，围以廊庑。内廷部分分为三路，中路主要宫殿有养性殿、乐寿堂、颐和轩和景祺阁。东路南端建有大戏楼——畅音阁和阅是楼，是紫禁城内规模最大的三层大戏楼。迤北为适合读书居住的寻沿书屋、庆寿堂等四合院，以及景福宫和梵华楼、佛日楼等佛堂。西路是宁寿宫花园，俗称乾隆花园。宁寿宫虽然名为太上皇宫殿，实际上乾隆在养心殿住到驾崩。倒是慈禧在光绪"亲政"以后在宁寿宫居住过一段时间。

外西路有多组建筑群，包括慈宁宫、寿康宫、寿安宫和慈宁宫花园等建筑，这个区域明清两代的建筑虽然有些变化，但都是奉养前朝后妃的宫殿。最北端的英华殿是佛教寺院。

最后一个功能区，就是衙署和内官服务区域，基本是沿紫禁城墙内侧布置。衙署库府，从午门东侧起，有内阁大堂、内阁大库（红本库、实录库）、内銮驾库、古今通集库、国（清）史馆、上驷院、太医院。午门西侧起，有御书处、外瓷器库、内务府公署、造办处、果房、冰窖、尚衣监、实录馆、三通馆、方略馆。西侧、北侧城墙下建有长连房，做各宫内监的直房、库房和酒醋作坊。

　　总之，紫禁城的建筑满足了封建国家皇帝执政和家庭生活、教育、宗教、文化等复杂功能的全部需求，而且秩序井然。

三、紫禁城的建筑举例

1. 午门：历史传统最鲜明的建筑

　　午门又叫五凤楼，体量很大，外观高大雄壮，这是因为它有一个"凹"字形的巨大墩台，左右两翼向前伸展。人走近这里就会感到建筑的重压。明清两代官员都在午门前等候上朝。（清代是五更，

图6-3　午门

不到今天 5 时。）城台正面的三个门洞，中门只供皇帝皇后通过，文武百官从左侧门洞走，宗室王公从右侧门洞走。东西两个掖门只有举行大朝会时开启，供百官行走。墩台上有九座建筑。正中是门楼，九间，重檐庑殿顶。（庑殿，有四面屋顶，五条屋脊。）两侧各有三间钟鼓亭。两翼墩台的南北两端各耸立一座重檐攒尖顶的高阁，其间用宽阔的廊庑相连。（攒尖，宋代称斗尖，无论圆、四方、多边形，都收到中央成一把伞。）午门的样式来源于汉代宫门前的双阙，形体则与唐以来的宫城正门一脉相承（唐大明宫含元殿）。午门是一处具有重要典礼功能的建筑，在这里举行命将出征、凯旋献俘、颁诏宣旨、颁朔等活动。钟鼓亭在举行大朝会和皇帝出城亲祭太庙和诸坛时鸣响钟鼓。很多人听说过"推出午门斩首"的说法，其实是无稽之谈。倒是明代有的皇帝曾用"廷杖"的刑罚严惩大臣，非常残酷，的确是在午门外执行的。如今故宫博物院在各建筑内部进行了现代化的展室建设，经常推出重要的交流展览。

2. 角楼：紫禁城最俏丽的建筑

角楼的设置也有悠久的历史传统。《墨子》等先秦著作中就有"城隅之制"的记载。故宫角楼是十字形平面，对称中有变化。它的构造，中间的主楼是三重檐的建筑，四面各一个重檐的抱厦。（解释两个概念：1. 抱厦，在主体建筑上附加的小结构。2. 重檐，一座或一层建筑有不止一个屋檐。）角楼的屋顶是组合式的，十分华丽：主楼十字脊加鎏金铜宝顶，四个三角形山花朝向四面（即所谓十字显山）。抱厦是歇山屋顶，朝向城外的抱厦山花也朝外。所以仔细观察建筑的四个立面面貌有区别。抱厦的两层屋檐和主楼屋檐勾连在一起，每层都有十二个阳角和八个阴角。而且每一面的三层屋檐下全都密布着斗拱，木柱间全部安装着菱花窗，汉白玉石的台基四

图6-4 角楼

周围着石栏杆，给我们玲珑剔透的观感。它黄色的琉璃瓦，屋檐下以青绿色为主调的彩画，红色的楼身和白色的台基，是北京宫殿色彩的"标配"，与沉稳厚重的灰色城墙形成强烈的对比，更显得角楼极其俏丽。

3. 太和殿：中国最重要的古建筑

一进太和门，就可以感受太和殿非凡的气魄。太和殿前有紫禁城内最大的广场，约二万六千平方米。太和殿、中和殿和保和殿并称为三大殿，建在一个共同的"土"字形高台上，因为高三层，所以称三台。每层均是须弥座形式，环绕着汉白玉石栏杆。栏杆的望

图 6-5　太和殿

柱总共有 1250 多根。每一根望柱下都向外伸出一个可以排水的"螭
首"。下大雨的时候，"千龙吐水"，非常壮观。太和殿是全国最
大的古建筑，面阔十一间，进深五间，殿内面积达 2000 多平方米。
总高达 35 米余，也是北京城中轴线上最高大的建筑物。（太和殿、
太庙前殿和长陵祾恩殿是中国古建筑的前三元。）除体量之外，还
用很多建筑手法表现太和殿地位的独特与崇高。如采用重檐庑殿黄
琉璃瓦屋顶。正脊两端的正吻高 3.4 米，重 4.3 吨。屋顶四角用十
个小兽，比一般最高等级的九个小兽又加了一个"行什"，全国唯
此一例。斗拱用"单翘三昂"镏金斗拱，等级最高也最华丽。彩画

使用"龙和玺"样式，大量用金，也是最尊贵的规格。

太和殿在明清皆为"正朝"之地，朝廷的重大活动，如新皇登极、皇帝大婚、立储、亲征，都要在这里举行。还有举办庆贺元旦、冬至、万寿圣典的三大节盛典，筵宴，颁诏，举办殿试。所以太和殿的建筑如此隆重。太和殿内皇帝的宝座就安放在北京城市的中轴线上，突出了皇帝主宰天下的神圣地位。但是太和殿的使用频率并不高，我统计明代每年使用一般在十次以内。

太和殿曾经历了四次火灾。永乐十八年冬天奉天殿建成。十九年正月初一皇帝在新的大殿里举办大朝会，盛况空前。不料到了四月初八，三大殿一起失火。次年，乾清宫也烧毁了。第一版的奉天殿只存在了几个月（1420—1421年）。

图6-6　太和殿饯脊裁兽及走兽

　　二十年以后，正统六年，三殿二宫得以成功再建。这次重建，据记载使用的基本是永乐时期的存料。再建成功后，正统皇帝才彻底打断了要求迁都的呼声。但是到嘉靖三十六年，几乎整个三大殿院落全部烧毁。这是第二版奉天殿，存在了一百一十六年（1441—1557年）。

　　嘉靖四十一年，重建三大殿等工程竣工，皇帝重新命名了三大殿等一批建筑，奉天殿改为皇极殿。万历二十五年，三大殿再次失火。第三版皇极殿存在了三十五年（1562—1597年）。

　　二十九年之后，天启七年，重建三大殿完成。清顺治时对三大殿重新命名，即今天仍在使用的太和三殿名称。康熙十八年太和殿失火。第四版皇极殿存在五十三年（1627—1679年）。这期间，李自成是否放火烧了皇极殿，还是一个疑问。

　　十六年之后，康熙三十四年（1695）至三十七年（1698），重建太和殿。由于缺少资料，工匠只能用测量废墟来推断太和殿的尺度。建筑材料也使用了东北地区的松木。今天太和殿左右延伸出一道隔墙，将三大殿院落分为南北两半，用中左门、中右门通连前后。这道墙在明代是一道斜廊，可能是为了防火在这次重建时改变为墙了。今天的太和殿是第五版，已经屹立了三百一十九年。

　　4. 乾清宫：故事最多的建筑

　　乾清宫是内廷正殿，面阔九间，重檐庑殿屋顶。正殿左右各有一座小殿，东名昭仁殿、西名弘德殿。乾清宫前有宽阔的露台，陈列着一对铜龟和铜鹤，还有日晷嘉量和宝鼎。露台前有高台甬道连接乾清宫，台下左右各安置一座铜鎏金小殿模型，称"社稷江山金殿"。"家国重构"是我国古代封建制度的国家特征，乾清宫最为清晰地显现了这个特点。一方面这里是皇帝家族最重要的礼堂，另

图 6-7　社稷江山金殿

一方面皇帝还要在这里处理政务。明代乾清宫是帝后所居的正寝，明宣宗、光宗、熹宗都"崩"于乾清宫，所谓"寿终正寝"。明嘉靖二十一年（1542）的时候发生了"壬寅宫变"，十几位宫女下手要勒死嘉靖皇帝，结果没能成功，皇帝也从此跑到西苑去住，不敢进乾清宫了。泰昌和天启交接期间发生的"明宫三大案"（梃击、红丸、移宫）都与乾清宫有关。当李自成攻入皇宫的时候，崇祯皇帝在昭仁殿砍杀了自己的女儿。清代乾清宫还是皇帝家族的聚会大厅，凡逢"三大节"等喜庆日子，就在乾清宫举办"内朝之礼"，皇帝从太和殿接受天下臣民庆贺之后，就回到乾清宫"家"里，接受皇后、皇子和王公、内臣太监的祝贺。除此三大节外，一般节日如上元、端午、中秋、重阳等，也都要设家宴，与皇太后、皇后、

6-8 乾清宫

皇子们共度佳节。康熙六十一年（1722）和乾隆五十年（1785）两次"千叟宴"都是在乾清宫举办的。清康熙以后乾清宫成为听政之所。日常召对臣工，引见庶僚，接见外藩属国，考试翰林词臣，宴请廷臣外藩，是较经常举行的活动。乾清宫明间正中的匾额是清顺治皇帝手书的"正大光明"，这块匾极其重要。雍正皇帝在他登极的元年就为清廷设立了"秘密建储"的制度，皇帝"亲写密封，藏于匣内"，置之正大光明匾之后。最后，清代皇帝虽然从雍正开始就不在乾清宫住宿了，但是死后也都在乾清宫"奉安"（停灵）。另外，昭仁殿是内府珍藏古籍善本的书房，乾隆、嘉庆、道光和光绪时期分别编过藏书目录《天禄琳琅》，反映了清代皇家的古籍珍藏情况。

5. 坤宁宫：满族风情最集中的建筑

坤宁宫在明代是皇后的寝宫，也叫中宫。清代名义上同样是皇后寝宫，清顺治十二年（1655）按照盛京的中宫清宁宫的面貌改建了坤宁宫，在这里按照满族的习俗，举行萨满祭祀活动。从雍正开始，皇帝自乾清宫移居养心殿，皇后也跟去了养心殿后殿的配房，坤宁宫最常用的功能就是用来祭祀和皇帝大婚时举行"合卺"典礼。

坤宁宫面阔九间，进深五间，重檐庑殿黄琉璃瓦屋顶，也是很尊贵的建筑样式。但是从外观上已经可以发现它与众不同。与其他大殿在正面中间一间或三间开门不同，坤宁宫在偏东的第一个稍间开门，而且是狭窄的小板门。其余各间，除了两端尽间用菱花槅扇门、

图6-9　坤宁宫内部萨满祭祀陈设

图 6-10　暖阁

当作过道以外，都安装直棂的支窗，而且窗台低矮，窗户纸糊在外。这些都是关外满族建筑的特点，是为祭神需要服务的。

从板门进屋，往西的四间连成一个完整的空间，从南到西再转向北，安排着一个U形的大炕。满族人把这种格局称为"口袋房""弯字炕"。祭神时一个家庭不同辈分身份的人要按规矩坐在固定的位置上，祭神后分吃猪肉，皇家也不例外。板门的对面用板壁和槅扇围起来一个小房间，里面是灶台，安着三口大锅，一口蒸切糕，两口煮猪肉。每天的朝祭和夕祭都要各煮两只猪，分给紫禁城的侍卫们。每年三次大祭礼的时候，皇太后、皇帝、皇后和亲王大臣们都要吃肉，这是祭礼的一部分。

板门往东的两间房是暖阁，前檐是通连大炕，后檐每间一个落地罩木炕。东侧的放锦缎制作的靠背，称为宝座。西侧的炕就是皇帝大婚举行合卺礼的地方。清代康熙、同治、光绪和宣统都是在这里大婚的。现在坤宁宫的陈列我们称为"宫廷原状陈列"，表现的就是祭神和大婚两个场景。

6. 养心殿：最实用的建筑

养心殿是一组建筑的总称，它的核心是一座"工字殿"，即一座三间前殿和一座五间后殿，前殿前偏西有六间抱厦，后殿东西，还分别连接着三间顺山房。这样的格局有点特殊。更特殊的是它的内部，用多种"装修"隔成了许多小房间。养心殿明间放置皇帝宝座，是一个庄严的地方。左右墙上分别开一个"毗卢门"，通向东、西暖阁。

东暖阁用三组"碧纱橱"将空间分成前后两部分。前室临窗，非常敞亮；东边又用一组"几腿罩"把前室再分成明、暗两个空间。明间大，对着毗卢门设了一张宝座，临窗设木炕。暗间对着宝座又

图 6-11　东暖阁前室

设了一个木炕。这里就是晚清政府"垂帘听政"故事的发生地。第一次，咸丰皇帝驾崩了，皇后和小皇帝生母分别尊为慈安皇太后和慈禧皇太后。六岁的同治小皇帝听政时坐宝座，背后隔一个纱帘（一说屏风），坐着两位皇太后。第二次是光绪小时候，又搞了一次垂帘听政。当时小皇帝不满四岁。这两次垂帘各十二年，是晚清政治的一个重要阶段。东暖阁后室也分成三个小空间，中间是休息室，东西两侧一个是"寝宫"，一个是书房"随安室"，是皇帝斋居的地方，面积不足十平方米。

西暖阁也用内装修分出前后，前室再分三间，中间设宝座，匾上写"勤政亲贤"，是皇帝接见臣下、处理政务的地方。这里是清代雍正以后名副其实的政治中心。为了保障这里的秘密不外传，窗外的抱厦也加了特别的遮挡。"勤政亲贤"之西，就是著名的"三希堂"了。这间不足八平方米的小屋是一间屋子半间炕，地面铺着青花瓷砖。这里收藏了中国书法最早的三幅著名作品，即王羲之《快雪帖》、王献之《中秋帖》和王珣《伯远帖》，都是"稀世之珍"，命名为"三希"，且有希贤、希圣、希天的意义。西暖阁后室乾隆元年时装修成一座仙楼，命名长春书屋；到乾隆十一年改成了一座乾隆皇帝专用的佛堂。

养心殿的后殿是皇帝的寝宫，炕设在最东端的一间。后殿两侧的顺山房、东体顺堂、西燕喜堂，实际成了皇后的寝宫。

7. 储秀宫：最纯粹的居住建筑

东、西六宫是紫禁城中真正用于居住的建筑群。每个宫都分为前后两个小院。院门开在南边正中，前院正殿一般是五间，个别三间，左右各三间配殿和厢房。正殿左右砌墙，有小门出入。后院正面是五间后殿，左右各三间配殿，后殿左右各三间顺山房。这样一

图 6-12　储秀宫

个宫有三十余间房屋。

储秀宫是西六宫之一。慈禧太后最初就住这里，在后殿思顺斋（丽景轩）生了载淳（同治皇帝）。到了光绪九年（1883），慈禧太后准备从长春宫移居储秀宫。为了在储秀宫庆祝她的五十大寿，慈禧派人进行了大规模的改建：拆除了储秀宫宫门，把翊坤宫后殿改建为体和殿，还用游廊把储秀宫、体和殿以及它们的配殿联系起来。这样就把储秀宫和前面的翊坤宫连成一个院落。储秀宫内外现在基本保持了光绪十年改造完成后的面貌，外装修都用楠木雕刻万字锦、五福捧寿等喜庆题材，游廊内用琉璃砖烧制大臣们祝寿的辞赋，陈设也突出了祈福求寿的鹤、鹿形象。室内装修则大量使用花梨木和昂贵的大块玻璃，大面积双面雕刻的花罩，极其华丽又富有生活气息。

8.奉先殿：行家人之礼的祭祖建筑

奉先殿在东六宫的东南，体量非常突出，排名在紫禁城内最大的七座建筑之内。南京宫殿创建的时候，本来没有奉先殿。朱元璋出身贫苦，父母早亡。当了皇帝以后，非常思念双亲，说自己原来没有机会得到"养亲之乐"，现在经常痛切地感到"思亲之苦"。国家虽然设立了太庙，规定了致享的程序，但是纾解不了思念之情。

图6-13　奉先殿

应该怎么做，他要求礼部的官员为他在历史上找点依据。礼部根据宋代的制度，建议他在乾清宫的东边建奉先殿，每天烧香，每月初一、十五进献最当季的生鲜食品，逢年过节和诞辰用家人礼祭祀。于是洪武三年（1370）在南京修建了奉先殿。永乐十八年（1420）建成的北京宫殿中也就包括了奉先殿。清顺治十三年（1656）重建了这座建筑，延续了明代奉先殿制度。

奉先殿也是工字殿格局，前后殿面阔都是九间，中间用穿堂连接。外院大门叫诚肃门，皇帝到此下舆步行。奉先殿门是琉璃门，正门有三个门洞，皇帝只能出入左门。前殿是举行祭享的地方，里面陈设诸位前代帝后的龙凤神宝座，前面摆案。后殿是寝殿，隔成一列"龛室"，按照祖先"同殿异室"的规矩，陈设神龛、神牌、宝床、宝座、衣架；前设供案、灯台。与功能相一致，前殿彩画非常尊贵，是"混金旋子彩画"，连天花板也全都贴金。其尊贵程度超过了太庙。

"文革"期间，为了举办"收租院泥塑"展览，奉先殿的原状被严重损坏。现在奉先殿是故宫博物院的钟表馆。故宫博物院目前正在对奉先殿保存下来的神龛等构件进行深入研究，计划恢复奉先殿的原状。

9. 文渊阁：集中体现清代文化成就的建筑

明代文化建设的最大成就是类书《永乐大典》的编纂，可惜今天仅有残书存世，而且数量十分稀少。清代有两个重大的文化建设成就。第一个是在康熙四十年（1701）开始编纂、清雍正六年（1728）用铜活字印制完成的《古今图书集成》。它与《永乐大典》一样是一部类书，正文一万卷，装订成五千多册，字数达到一亿六千万。雍正只印制了64部，铜活字用过后存在武英殿。第二个就是乾隆

图 6-14　文渊阁

三十七年（1772）乾隆诏令汇编《四库全书》。这部书是丛书，收录了 3500 多种书，七万九千三十卷，抄录成三万六千册，大约八亿字。这次文化建设工程的阴暗面是禁、毁和篡改了一批书籍，但是成就还是非常伟大的，为了给这部大书建设庋藏之所，乾隆三十九年开始仿照宁波著名藏书楼天一阁的样式，在紫禁城建设文渊阁，两年以后建成。建成后，先入藏了一部《古今图书集成》。又过了五年，第一部《四库全书》终于抄录完成入藏文渊阁。（同样格局和功能的藏书楼先后建了七座，即北四阁与南三阁。大内文渊阁，书存台北和北京故宫；圆明园文源阁，书、阁并毁；热河文津阁，书存古物陈列所，后移存京师图书馆；盛京文溯阁，阁存，书运甘肃；扬州天宁寺西园文汇阁，书、阁并毁；镇江金山寺文宗阁，书、阁并毁；杭州孤山文澜阁，阁存，书散过半。）

文渊阁建筑的特殊性一望而知。首先是地盘，所谓"仿天一阁"是它的面阔六开间，取义于汉代郑玄《易经注》中"天一生水""地六成之"，与传统古建筑的单数不同。阁前开挖水池，既解决消防用水，也美化环境。水池的水引自内金水河，水源充足。白石栏杆雕刻以水浪莲花为主题。再一个是色彩，黑色琉璃瓦，绿色剪边。也是因为在五行理论中，黑色的形制属水，可以镇火。木柱槛框都油成绿色，与通常宫殿所用朱红色完全不同。另外额枋用苏式彩画，下层檐柱间安装的栏杆，都是江南常用的样式。文渊阁外观是两层，内部实际三层。楼下中央三间设置了宝座，体现皇家地位，也承担着皇帝在这里给经筵讲官赐茶的功能。其他地方每层都装着书橱，用来藏书。

10. 宁寿宫花园和倦勤斋：最休闲的建筑

紫禁城有四座花园，御花园和慈宁宫花园是明代建设的。建福宫花园是乾隆七年时就乾西四、五所改建的，他很喜欢这里，特别是觉得夏天较养心殿凉爽。乾隆三十七年（1772）开始改建宁寿宫（太上皇宫殿）时，在宫的西北角建了一座花园。花园北半部分完全按照建福宫花园的模式再建。宁寿宫花园俗称乾隆花园，而建福宫花园被称为西花园。

花园西面紧靠高大的宫墙，东面是中路的庞大建筑，地形狭长，对造园很不利。但是古代设计师和工匠却建造出一个具有独特意蕴的宫廷花园来。原来乾隆皇帝登极之初就树立了一个理想，如果他能够执政满六十年，就一定禅位，以表达对祖父康熙的尊重。建造花园时乾隆已经六十多岁了，所以对花园主要建筑的命名都强烈地表达了这个愿望。花园中心地段的建筑命名为"遂初堂"（顺遂初心），最高大的楼阁名"符望阁"（符合愿望），北端的斋室名"倦勤斋"（倦于勤政，需要归政退闲）。花园建筑还有一个突出的特点，就是引进了极其丰富的工艺美术的材料和技艺，用于建筑内部的装修。为此，乾隆将符望阁、倦勤斋等五座建筑内部装修的制作交给两淮盐政承办。幸运的是它们相当完整地保存到今天。倦勤斋是一个典型的实例。

图 6-15　符望阁

倦勤斋只有九间房屋，约304平方米，分为东五间（明殿）和西四间（戏台）两个部分。东间装修成两层仙楼，是皇帝的休息室。西间的西端建了一个室内小戏台，东端是两层的看台，与东五间仙楼相连。这些装修，最主要使用了仙楼、通景画和油漆木雕三种手法。仙楼下层，使用了落地罩、炕罩、群墙和槛窗、挂檐板；上层使用了花罩、栏板、碧纱橱等构件。这些构件的材料，有紫檀、鸡翅木、乌木、玉石、丝绸、毛竹。使用的技艺，有双面绣、竹丝镶嵌、乌木镶嵌、玉雕镶嵌、贴雕竹黄。竹丝、竹黄的应用使民间的工艺走进了皇宫，创造了新的艺术高峰。通景画被运用在了西四间，

图 6-16　倦勤斋透视图

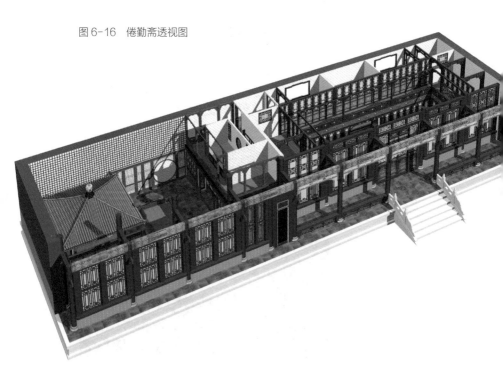

布满了顶棚、西侧和北侧的墙壁以及南侧建筑的梁枋上。它是来自西方的艺术形式，西方艺术家的学生描绘了生机勃勃的藤萝、仙鹤和篱笆、药栏与楼阁，在室内营造了花园的气息和永久的春天。油漆木雕主要使用在戏台和篱笆上，把木雕作品装饰为斑竹的模样，来突出这个场所的文雅氛围。

故宫博物院与来自美国的世界纪念建筑基金会合作对乾隆花园实施保护，已经进行了十八年，今天的倦勤斋就是保护工作的优秀成果。

紫禁城建筑千门万户，今天的讲座只是简要地给各位介绍了紫禁城有些什么建筑，大概什么样子。其实这些辉煌的建筑折射着中国传统文化辉煌的高度。它是凝固的音乐，也是特别耐看的史书。这些丰富的内容绝不是短短的讲座所能涵盖的。我们只是想通过讲座，使大家更加了解故宫，热爱故宫，更加自觉地来保护故宫，如此就达到了讲座的目的。再次谢谢各位！

官式古建筑木作技艺

◇李永革

李永革，"官式古建筑营造技艺"非物质文化遗产传承人，故宫博物院研究馆员、古建修缮中心原主任，国家文物局古建专家组成员。

明清两朝时，"官式古建"这个词才被提出来。长期以来，我国并不怎么使用这一概念，而是代以"古建筑""文物建筑"。实际上，官式古建营造技艺是把民间优秀的传统技艺应用于皇家建筑，大多具有规矩、规范的特点。

我们的大名是"中线行"

老话说"三百六十行，行行出状元"，"干一行爱一行"，但有时候，人们其实并不知道自己干的是什么"行"。那么，官式古建营造技艺是哪一行呢？

官式古建营造技艺属于"中线行"。"中线"是木匠的一个线形符号，样子像一个"中"字。建筑离不开"中"，无论建造宫殿还是四合院，我们说的"尺寸"都是由"中"到"中"的距离，如面宽和径深计算的都是柱中到柱中的距离，而不是柱子外皮到外皮或里皮到里皮的距离。

图 7-1　斗拱

早年，工匠干活没有电锯和带子锯，全靠手工劳动，工匠的本事就是要合理利用各种线形符号和规矩，对材料进行合理的使用。因此，木匠、瓦匠、油匠、画匠和石匠都要讲究中线。

故宫里的匠人传承

故宫建成于公元 1420 年，历经明正统、嘉靖、万历，清顺治、康熙、雍正、乾隆各朝的重建改建，遂成今日之规模。故宫南北长961 米，东西宽 753 米，占地 78 万平方米，共有建筑 8000 余间，是世界上规模最大、保存最完整的木构宫殿建筑群。

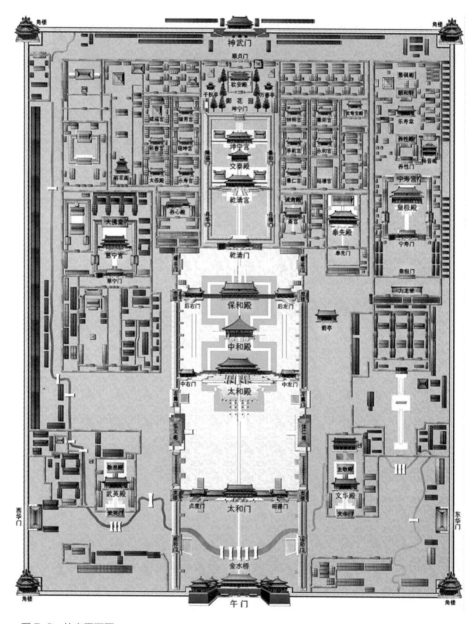

图 7-2 故宫平面图

永乐皇帝在北京建紫禁城时，采用了大批参建南京紫禁城的工匠及其后代。这是因为明代的匠作制度是父子传承的，老前辈们被派到宫中做建筑，一做就是几代人、一二百年。清朝时已不实行匠作制度，北京开始有了营造厂。营造厂相当于现在的古建公司，其中有的修皇宫，有的修王府，有的修民房，这些公司实际上也是代代相传的。

20 世纪 50 年代初，北京的建筑行业到冬天基本上就没活干了。北京的规矩是，一到十月中旬，泥水活儿就该停了，因为天气寒冷，抹的墙只能冻干，不结实。只有木匠受天气影响较小，还可以继续制作门墙、斗拱、雕刻等。当时有一句俏皮话描述了这一现象："扣锅了，没地儿挣钱了，家里人没的吃了。"

但是，新中国成立之初，故宫里很多房子由于长草和漏水，濒临倒塌，故宫的维修工作一直非常紧迫。于是，故宫博物院的单士元老先生将北京城里手艺好的师傅都留了下来，让他们冬天继续工作，做砖雕、修门窗等，为第二年的施工做准备。与此同时，老师傅们也提出条件：光请我们不行，徒弟也得跟着。就这样，北京最有名的十个老工匠各自带着两三个徒弟，形成了新中国成立后故宫修缮的第一个队伍，即"故宫的第一代"。

后来，他们的徒弟构成了"故宫的第二代"，到这一代，技艺还完全继承了官式做法。1975 年我来到故宫，属于"故宫的第三代"。那时，第一代的老师傅们基本都去世了，第二代大多也已四五十岁，负责教导我们这群二十来岁的年轻人。

图 7-3　马金考先生及故宫角楼大木竣工纪念照

　　在故宫，技艺学习的分类较细，这是官式古建营造技艺有序传承体系的表现。我师从戴季秋先生，他是上世纪 70 年代到 90 年代故宫有名的大木匠，尤擅斗拱的制作与拼装。戴先生的老师则是出身营造世家的马金考先生，相传，马先生是民国时期的五大掌线（大木匠）之一。从马先生的家世谱系中可查，明清两代，他的家族中曾有匠人参与紫禁城、承德避暑山庄和颐和园等的营建，还兴办了营造木厂，世代经营至新中国成立后。

　　虽然从现存材料中，我们无法梳理出故宫官式建筑大木作自明代营建之初至今的具体传承谱系，但仅从我这一支向前追溯，不难推测，我们的木作营造技艺与最初营造紫禁城时的技艺一脉相承。

大木作的规矩

20 世纪 30 年代之前，工匠们没有平地剖图纸，他们盖房不看图纸，而是遵循规矩。木作有着自己的规矩。

在我国以木结构为主的建筑体系中，故宫等官式建筑也叫"大式大木"，类似地北京四合院的建筑则称"小式大木"。大式大木最基本的规矩是权衡尺寸。

清雍正十二年（1734），《工程做法》颁布，规定大式大木带斗拱做法以斗口作为建筑的材分标准（如檐柱径为六斗口，高为六十斗口），并划分了十一个等级，按"十一等材"来推算和备料。所谓"斗口"，即平身科斗拱（屋檐下那层斗拱）坐斗在面宽方向的刻口。知道了这个尺寸，一个大殿便可拔地而起。小式大木则以柱径为模数，柱径的尺寸有相应的口诀方便工匠们记忆。

明清官式古建筑属大式大木，柱子粗、梁子大、斗拱多，装修、折扇、梨花窗、廊子都得规矩。对于这些规矩，过去工匠们会拿本子记录，也有一些文人会记载他们当地的营造规矩，使它们得以传承下来。关于官式营造技艺，有两部书得以流传，一部是《营造法式》，另一部是清朝颁发的《工程做法》。它们当初产生的主要目的是为皇家做预算用，虽没有直接记录规矩，但是为如今对古建筑

图 7-4　《工程做法》斗口（标准方材断面）材分制度

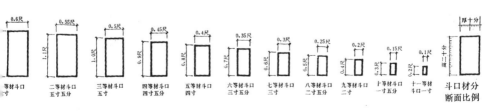

形制、规则的研究提供了很好的素材。

清代的一营造尺等于现在的 32 厘米，如太和殿的斗拱正面宽 9 厘米、柱径六斗口、柱高六十斗口，则柱径就是 54 厘米，柱高就是 540 厘米。当然，柱子的尺寸不是一定的，而要根据每排柱子的荷载和建筑结构的需要增加尺寸。

表 7-1　清式带斗拱大式建筑木构件权衡表（摘录）

类别	构件名称	长	宽	高	厚	径	备注
柱类	檐柱			70斗口（至挑檐檩下皮）		6斗口	包含斗栱高在内
	金柱			檐柱加廊步五举		6.6斗口	
梁类	桃尖梁	廊步架加斗栱出踩加6斗口		正心桁中至耍头下皮	6斗口		
	五架梁	四步架加2檩径		7斗口或七架梁的5/6	5.6斗口或4/5七架梁厚		四架梁同此宽厚
	三架梁	二步架加2檩径		5/6五架梁高	4/5五架梁厚		月梁同此宽厚
枋类	大额枋	按面宽		6斗口	4.8斗口		
	小额枋	按面宽		4斗口	3.2斗口		
	平板枋	按面宽	3.5斗口	2斗口			
	金、脊枋	按面宽		3.6斗口	3斗口		
桁类	挑檐桁					3斗口	
	正心桁	按面宽				4-4.5斗口	
	金桁	按面宽				4-4.5斗口	
	脊桁	按面宽				4-4.5斗口	
	扶脊木	按面宽				4斗口	
垫板角梁	由额垫板	按面宽		2斗口	1斗口		
	金、脊垫板	按面宽	4斗口		1斗口		金脊垫板可随梁高酌减

节选自《中国古建筑木作营造技术》，马炳坚著，科学出版社 2012 年 1 月出版

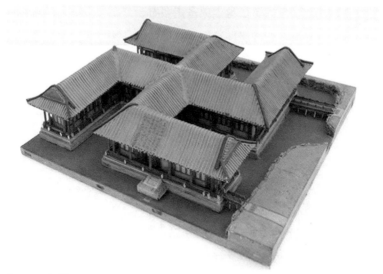

图 7-5　烫样

四个柱子为一"间"（因此"故宫有房子九千九百九十九间半"这种说法是不对的），分别为前檐柱、后檐柱、前今柱、后今柱。"今柱"也称"金柱"，后者通常是官式写法，老百姓偶尔也会写作"襟柱"。

过去，建筑设计有底盘图，大体标注着房子宽多少丈、深多少尺；还有烫样，即用一块烙铁粘一层纸，熨干后糊成纸夹板，粘成模型，然后染上色，画上彩画，看起来非常直观。皇宫里有专人制作烫样，根据烫样，算房把要盖的房子在市面上值多少银子算出来，一块儿带给皇上，让他去"招标"。烫样里有文字标注，相当于包含了建筑设计甚至室内装修设计，可以称之为过去的图纸。

然而，考虑到备料的情况和工匠的理解，实际的建造过程是允许变化的。早年，建筑知识总是"一个师傅一个传授"，彼此间难免存在区别。手艺人自己也提倡多走多看，"见景生情"，遇到一个活儿，往往要先想想之前是否见过类似的做法，所以做出来的东西富于变化，与烫样有所出入。

直到 20 世纪 30 年代营造学社的成立，梁思成先生带回了国外建筑学知识，建筑图纸才开始进入到古建的研究当中。他将以前工匠们的口诀整理成书，编入《清式营造则例》和《营造算例》，方便大家更好地学习。

大木匠的语言

成为工匠首先要了解工匠的语言。在官式古建筑营造技艺中，对同样的构件，不同的工种可能有不同的叫法。木匠的命名方式比较规范，大多数构件的名称与其位置相联系，如前檐柱、后檐柱。画匠则不同，两斗拱间有一个垫平板，板上画了三个火焰宝珠，所以叫"灶火盆"，这是"象形"的命名方法。民间叫法同样花样繁多，北方的"檐边木"，到了南方就成了"虾须方"。

了解中国工匠的历史，我们会感觉到，工匠把自己这一行看得非常神圣。他们有自己的"小骄傲"：别小瞧我们，没学这一行，就不了解规矩；不了解规矩，就进不了这个门槛，房子就盖不起来。因此，工匠们总要给自己这一行培育出一些文化和内容。

过去木匠们都有一种叫作"门尺"的尺子，用于丈量门的尺寸，是他们的重要谋生工具之一。门尺上不同的字对应着门的不同使用对象。门尺就是安门的规矩，"冬不开北门，秋不立西门，夏不开南门，春不立东门"，以免影响财气。工具方面的讲究为这一行注入了很多风俗与文化。类似地，没有对老资料中的苏州码、木匠画线中的借线方法等知识进行过学习，是很难在这一行更进一步的。

　　木匠中有很多的线形符号，如中线号，运用于每个柱子和枋子；废线号，一竖画一个圈；需要线，一竖上打一个叉。只有真正的大木匠（掌线师傅）才有资格掌管画线工序，他们通过墨线符号向操作人员传达每个木构件的尺寸要求和做法说明，这些墨线和线形符号就是大木匠最直接的语言。

图 7-6　麻叶头，又叫蚱蜢头

图 7-7　鲁班尺

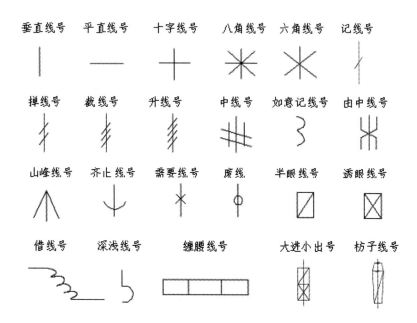

图7-8　部分线形符号图例

关于线形符号，有这样一条口诀："一记二掸三截四升。"

记线——在墨线上画一道斜道，表示这是一条线，通常不做标记。

掸线——又称断肩线，在墨线上画两条斜道，表示从这里断肩，多用于各种榫的两侧。

截线——在墨线上画三条斜道，表示截断，用于构件的端头。

升线（侧脚）——在墨线上画四条斜道，用于表示柱子的掰升，仅用于外檐柱上，顶端与中线重合，下面逐渐分开，弹在柱子中线里侧。

　　一个木匠可以没有上过学、不会写自己的名字，但一定要学会这二十个字："上下金脊枋，东西南北向，前后老檐柱，穿插抱头梁。"它们可以组成各个构件的名称，是确定大木位置编号所必需的，是判定大木位置、方向的唯一标记。用好这些标号，有助于科学管理营建的过程。

　　以柱子为例。柱子的大木位置标号（大木号）因所处位置不同，名称也不尽相同。位于建筑外层的柱子称"檐柱"，根据建筑的朝向不同分为前檐柱、后檐柱、山面檐柱，内层的檐柱为"金柱"，角上的檐柱为"角柱"。根据明间和梁架位置，又可进一步明确到每一根柱子。最后按一定顺序进行编号，从明间向两侧排起，即"开关号"。位置编号要求标写在柱脚，最后一个字不低于距柱根 10 厘米处，并要写在柱子内侧，即面向室内的一侧。

图 7-9　柱网平面示意

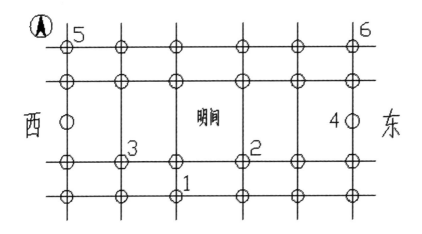

序　号	开关号
1	明间西一缝前檐檐柱
2	明间东一缝前檐金柱
3	西次间西一缝前檐金柱
4	东侧山柱
5	西北角柱
6	东北角柱

图 7-10　开关号示例

　　对古建筑而言，当工匠将一个木构件放在它的位置上，它便将要在这里服务一生，直到彻底损坏。若有问题，只能稍作加固继续使用，无法更换。早年，房子里几十根柱子的直径无须完全相同，不然所有柱子的粗细须与最细的那根一致，那样一来，加工木料的工作量会非常惊人。因此，木匠们选择合理搭配这些柱子，四根较粗的放在四个角，两边稍粗的放在明间东西，再细的放在两侧。粗细不一的柱子使得连接构件的位置并不固定，因而这些构件轻易无法替换。加之老构件换成新的，其他部分不更换，视觉上也显得格格不入。

大木匠的工具

大木匠常用的工具有锛、凿、斧、锯、刨、锤以及弯尺、墨斗、划扦等。锛子是最简单、最原始的一种工具，从石器时代起，直到今天还在为人们所用。它主要用于大木构件的砍制，使用时扬高为砍，扬低为拣，上手托，下手砍，顺从木质左右拣。

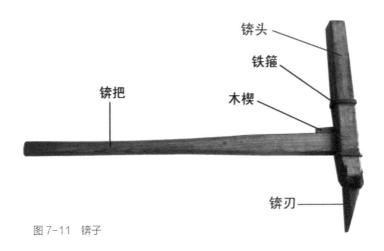

图 7-11　锛子

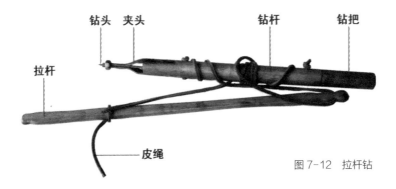

图 7-12　拉杆钻

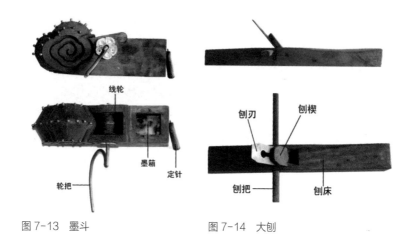

图 7-13　墨斗　　　　　　图 7-14　大刨

制作工具中隐含着生产力水平和工具发展的信息。在国家最早的殿堂式建筑佛光寺东大殿的顶棚中，保留有一些一千二百多年前加工木构架的工具。古时候没有刨子，东大殿的梁架和柱子全是用锛子锛出来的。

打槽用的槽棒出现在民国以后。明初，做隔扇和封门装板也需要打槽，但那时的槽很粗糙，因为它们不是用槽棒，而是用三四分宽的凿子凿出来的。一些明清的凳子、椅子，它们的槽是用槽子槽出来的，因此深浅一致、两面光滑。由此可知，判断使用的工具，能对建筑和家具的断代提供一定帮助。

同时，保留这些传统工具对于修复文物来说是非常重要的。现在，很多古建筑经过加工后充满了机器雕刻的痕迹，失去了原有的风格。不是说不提倡使用现代机械设备，但是修缮的最后一个环节一定要手工完成。日本工匠在修缮飞鸟时代的建筑时，发现建筑上

图 7-15　凿子

的痕迹显示，这里最初是用传统的"枪刨"加工的。为了使构件表面达到历史上的效果，他们专门复制了枪刨。

大木匠的规矩

"没有规矩，不成方圆"，木匠的规矩非常重要。过去，如果一个木匠因为不懂规矩把活做错了，口碑坏了，可能一辈子就毁了。

中国大木匠有几样法宝，第一是丈杆，第二是样板。丈杆一般由木匠来派，建筑的通面宽和径深分别被标在丈杆四面的相应位置。杖杆分总杖杆和分杖杆。总杖杆控制建筑各部大尺寸，分杖杆控制各构件及细部尺寸。丈杆制作的过程其实就是工匠加工木构件的过程，在这一过程中，工匠们理清思路，谁多高、谁多长、谁与谁结合，都要在杆上体现。丈杆派好后，就被挂在墙上贡起来，一个建筑的所有尺寸都派好，就是一张设计图纸，做什么构件，就派下来什么丈杆。而且，过去做丈杆还得留后手，在丈杆两端钉上钉子，以防别人使坏，把丈杆偷偷锯下一截。

此外，所有的部位都要"放大样"，画1∶1的样板。丈杆保证了尺寸的准确，但构件都是手工加工，而且不是一个人加工，容易出现误差，样板有助于减少误差。

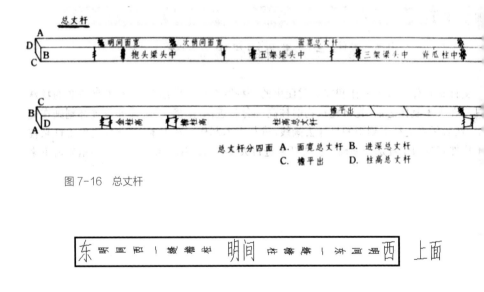

图7-16　总丈杆

图7-17　抽板

　　样板主要有"三板一椀"：三板指木工操作中的抽板、增板、样板，一椀指檩椀样板。抽板，用于讨退活，在两个不规则形状的构件连接时，通过抽板的操作可以使两构件连接紧密、严丝合缝。增板，用于拔翼角，放翘飞。椀，即檩椀（正檩椀、斜檩椀），制作梁时使用。

　　做戗角上的翼角和翘飞也都有口诀。翼角处的椽是圆椽，椽尾需砍削成不同厚薄和斜度的楔形。对于四角、五角、六角、八角、八方的椽尖，有一些口诀，如"四八方，六方五"等。事先拔好翼角，拼合时稍作磨刮就可使用。放翘飞中的"冲三翘四撇半椽"，说的是起翘时自正身椽上皮到最末一根角椽上皮升高四椽径，出翘时角梁外端的正投影长出正身椽三椽径。此外，按照特定的角度放翘飞，也是一项难度较大的工作。

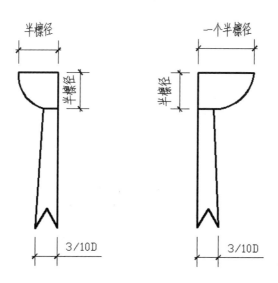

图 7-18　檩椀样板

图 7-19 放翘飞

　　还有一个规矩，即柱子上下直径不等，顶部略细，根部略粗。这就需要进行"加柳"处理，也叫"收分"，收分的比例为柱高的 7/1000 或 1/100。也就是说，一丈高的柱子，底部直径 30 厘米，上面就是 27—28 厘米。柱子，尤其是前后檐柱，需要加侧角，比例也约为柱高的 7/1000 或 1/100。侧角处用的线形符号"升线"，是一条线上又画上四道，升线与中线的距离表现了侧角向外偏离的幅度。

　　还有一句俗语叫"木头不倒棱，木匠没学成"。"倒棱"指加工木枋要用刨子将棱角进行圆棱，圆棱的比例为界面尺寸的 1/10。这是因为木头的棱很快，手一滑就会划伤，也有说法是为了翻转木

图 7-20　柱子的中线与升线

图 7-21　倒棱

头时更轻松。一般而言，时间越早棱越大，棱裹得小则省工，可能一天就能做两个圆棱。

官式大木中的檩子截断面不是正圆，而是椭圆形，也就工匠们说的"荸荠扁"，这种形状的檩的承重能力更强。檩子的放线制作与柱不同，要经过"加泡"处理，即左右各加檩径的1/10。椭圆截面檩子的上下平面，宽度是檩径的3/10，称为"金盘"。

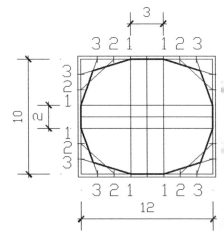

图 7-22　金盘示意图

　　除此之外，大木匠还有很多规矩，其中很多是靠线来保证角度的。例如，中国古建筑的举架和步架关系大致分为平推举、顺举、隔举三种。一般而言，平推举适用于较小体量的建筑，顺举适用于中等体量的建筑，隔举适用于较大体量的建筑。"要坐斗，五七九"要说明的就是只有较大或大体量的建筑才适合做斗拱。

　　又如"山面压檐面，进深压面宽"，指大木构件搭接部位的上下顺序和斗拱构件的搭接顺序。大木构件中大额枋是檐面额枋做下交，山面额枋做上交。搭交檩也是檐面的挑檐檩和正心檩做下交，山面做上交。斗拱构件制作安装顺序是进深压面宽，即面宽的构件做下交，进深面的构件做上交。

　　关于选料，北京地区有一个口诀："桑枣杜梨槐，不进阴阳宅。"阴宅是坟墓，阳宅是活人住的房子。另外，"寸木不倒用，晒梢不晒根"，梢是树木上端，根是树木下端。这一条规矩不仅适用于我国的木匠，日韩也有类似的说法。他们修古建筑时，必须有一座山，因为当建筑需要形状特异的木料，可以去山里寻找合适的树。

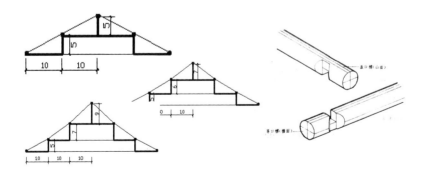

图 7-23　平推举、顺举、隔举示意　　　　　图 7-24　上交与下交

东汉以前华夏聚落中心元素的变迁

◇王鲁民

王鲁民，同济大学建筑与城市规划学院建筑历史博士生导师，深圳大学建筑与城市规划学院教授。出版专著4部，发表论文60余篇，主持国家自然科学基金项目3项。著有《中国古典建筑文化探源》《中国古代建筑思想史纲》《建构丽江——秩序、形态、方法》等。

对西汉长安的城池轮廓为何曲折多变，历来人们有多种解释。其中最流行的说法是，汉长安是一座"斗城"，北墙相当于北斗，南墙相当于南斗。这种说法虽然传之久远，但能把它解释得像模像样的却根本没有。

其实早在东汉，张衡就在《西京赋》中描绘西汉长安营造时说，"于是量径轮，考广袤，经城洫，营郭郛，取殊裁于八都，岂启度于往旧。乃览秦制，跨周法，狭百堵之侧陋，增九筵之迫胁。正紫宫于未央，表峣阙于闾阖。疏龙首以抗殿，状巍峨以岌嶪。"可见长安城池形态的确定不是任意为之，而是在对西汉以前多个都城建设制度进行考察的基础之上确定的。这种说法应该持之有据，因为汉长安的形态可以概括如下：城市东半部基本采取商制，西半部则在很大程度上按照周人的城市营造规则确定。即城池东北仿照安阳洹北商城的东北角，西北与河南洛阳的周朝都城或以周制为规矩的赵邯郸大北城西北部城墙的轮廓一致，西南参考东周雒邑的西南角，

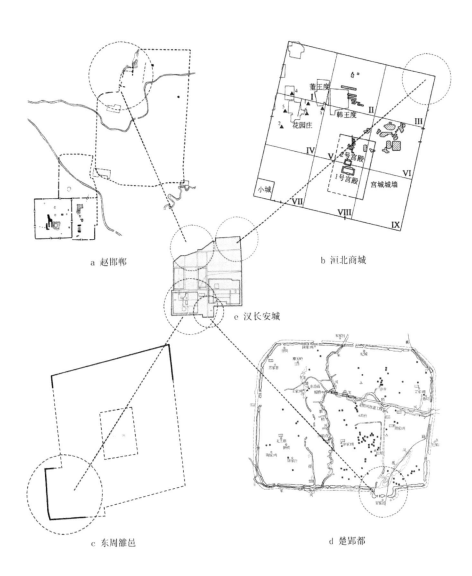

a 赵邯郸

b 洹北商城

e 汉长安城

c 东周雒邑

d 楚郢都

图 8-1 汉长安城与先秦诸城城池要点比照分析

中央突出的安门，其形制最早见于偃师商城，后来在楚国郢都也可见到。不过，因为剧烈的文化动荡，南北朝时，人们实际上对该城池何以如此已不清楚，因此才使"斗城"之说大行其道。

以上内容在我的《营国——东汉以前华夏聚落景观规制与秩序》一书中有更为详细的叙述。今天主要讲聚落中心元素的变迁。

中国传统社会特别关注秩序的形成。不同规格、等级的聚落在聚落体系中所处的地位不同，核心元素及其组织亦有所区别。聚落核心元素的组织可以说最能体现聚落层级和聚落服务目标，因此，探讨聚落核心元素的安排实际上是探讨当时社会组织架构的一条重要途径。

社会政治架构的复杂化引起聚落架构的复杂化。按照我们的观察，在通常情况下，这种复杂化是以催生出更为复杂的聚落形式为特征的。这种更为复杂的聚落，往往地位更为高级。或者说，由于一些聚落撷取了更多的权力，占据了更高的地位，所以在聚落安排上，它们要摆脱旧规制，以新方法来构造相应的空间。对于东汉以前的聚落来说，聚落复杂化应是聚落组织变化的主轴。

新石器文化时期华夏地区的政治形态和社会组织状况尚未获得一个清晰的认识。正是如此，对早期聚落组织的实际内涵很难做深入的讨论。不过，从已知的情况看，距今六千年的姜寨遗址已经有营造秩序和细致的空间层级构造意向。由此，我们大概可以想象，这个时期，社会已经存在一个相对细致、复杂的分层。可以设想，当时存在着比姜寨遗址构造简单得多的聚落，以其足够复杂为据，认为姜寨是一定地域的中心聚落是合理的。

姜寨的主要构造内容或核心元素是什么？以往，人们把很多注意力投放到有形的设施上。在姜寨的研究上有一则条例，考古学称

图 8-2　陕西省西安临潼县姜寨遗址仰韶文化聚落

之为"大房子"的建筑，作为一定人群的公共活动场所，区别于当时用于居住的房屋。关于大房子的具体用途，一直以来有许多说法，目前大家一致认为它们是当时氏族的公共活动中心，除了满足相应人群聚集会议的要求以外，还有相当数量的祭祀活动在此进行。

　　图 8-3 中，"大房子"被我们用数字标注了出来。用于居住的房子最大不过二十来平方米，大房子则有可能达到一百多平方米。从图上看，标号为 F1、F36、F47、F74、F103 的大房子作为组团的核心元素，与边上的房屋共同构成一个单元。专家推测，姜寨大约有二百人，所以最大的大房子也不可能容纳所有人在房内聚会，实际上，大量的聚会活动应该发生在广场上。必须说，当时的广场也

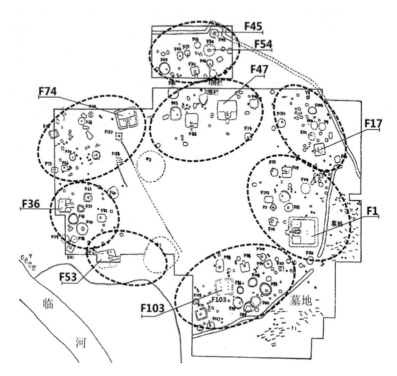

图 8-3　陕西省西安临潼县姜寨遗址仰韶文化聚落遗址组团分析

是聚落的重要组织元素，这些大房子共同限定的中心广场，是一个既对应于某个组团又覆盖整个聚落的公共空间。

很多人认为，距今约五千年前的仰韶文化晚期，中国已经产生了所谓的古国。甘肃秦安大地湾遗址的组织明显不同于姜寨遗址，或者就是古国的中心。这个聚落的核心区由两个山沟、一个山顶、一个断崖共同限定，这种限定使得核心区具有某种禁地性质。这种禁地性质的中心使其明确区别于姜寨的面对聚落所有人的中心广

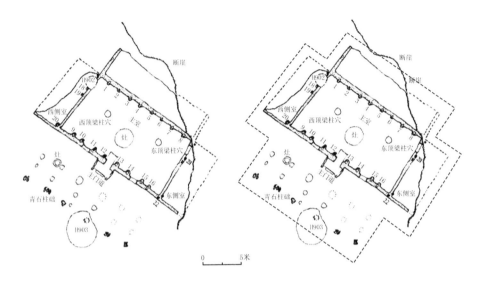

图 8-4　甘肃省秦安县大地湾仰韶晚期 F901 平面及平面分析图

场。大地湾的禁地由四个建筑支撑：F400、F405、F411、F901。这几座建筑占据了整个区域的中轴部位，具有一定的地域控制性。

大地湾 F901 规模很大，占地将近四百平方米。有一个中心大室，其北、东、西侧各有附室，房屋南部则是一个大棚子。如果沿着 F901 的外轮廓画线，就能得到一个不折不扣的"亚"形。"亚"形是有着特殊通神意义的图形，与祭祀活动有关。在古代文献中，有一种建筑的平面应被造为"亚"形，这种建筑就是"明堂"。

可能从汉朝起，早期明堂的样式已不为人们所知。南方人说："搞什么名堂？""名堂"其实应写作"明堂"。"堂"的本义是建筑台基，古书记载，明堂的特征之一就是太阳可以直接照在堂上，房屋的南部是一个大棚子，阳光当然可以直接照在堂上。这样我们就从两个方面证明大地湾 F901 就是明堂。这里要说明，明堂正是从大房子演化过来的。在当时，它带有某种公共性，并不只属于统治者一个人。它是带有一定原始民主含义的公共建筑。

F405 东、西墙外均有地面铺设，推测东、西两侧原各有一段外廊。发掘者认为，F405 两侧的外廊分别对着日出与日落方向，符合古书中"王宫"祭日的要求，据此，它应是用于聚落首领日常礼仪和政务活动的场所，对应后来的"常朝"。

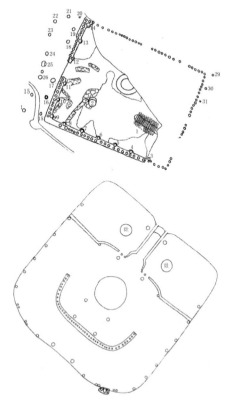

图 8-5　甘肃省秦安县大地湾仰韶晚期 F405 平面图

图 8-6　甘肃省秦安县大地湾仰韶晚期 F400 平面图

F400 面积很大，进门后，左右两侧有套间，室内中部偏后有一屏风墙。中心部位可能有一大灶台，屏风后设有一取暖壁炉。由此可以认定屏风前为聚落首领经常的落座之处，套间则给睡眠和贮藏提供了条件。这样可以推断，F400 为聚落首领日常起居的地方，即寝宫。

F411 非常有名，在其靠近室后（南）壁的地面上发现的地画是我国发现最早的图画之一。这幅画上方有两个人作舞蹈状，其右下再有一个方框，在方框内画有两个很难说清楚是什么的形状。这两个东西究竟是什么，众说纷纭。有趣的是，前几年，国家博物馆展出的玛雅文化俘酋图，图中形象的轮廓体态与地画中的形象完全相同。张光直曾主张"华夏文化和玛雅文化连续体"，认为玛雅文化与中华文化存在很密切的联系。所以，我们认为，F411地画应为"献俘图"，两个舞蹈状的人应该是被供奉的祖先。把祖先的图形画在地上，或表示他们已经长眠于地下并且可能从地下复出。

图 8-7　F411 地画（上）与玛雅文化俘酋图（下）

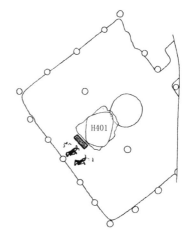

图 8-8　F411 平面图

中国古代战事得胜后要在宗庙内进行献俘活动，所以 F411 即是聚落首领供奉祖先的宗庙。

由此，大地湾聚落的中心建筑可以分为两组：一组是王宫、寝宫和宗庙，宗庙是当时的王或公用于供奉自己的父亲和祖父的；另一组是明堂。其中宗庙和明堂是祭祀设施，它们是地域轴线的具体承担者。从体量上看，由大房子演变而来的带有族群公共性的明堂远远大于宗庙，这在祭祀特别重要的时代，表明了某种原始共商制度的存在。

直到汉代，人们都还知道要从西南方向进入明堂，西南是从世俗地方进入神圣地方的基本路径。在大地湾，明堂朝西南，王宫、寝宫、宗庙朝东北，形成了一个东北—西南的呼应关系，这一呼应关系表明，明堂占据更重要的地位。

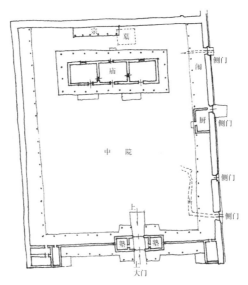

图 8-9　河南省偃师市二里头遗址二号宫殿复原平面图

在河南洛阳发现的二里头遗址没有大城，只有宫城。宫城内部有两个主要的房子。由于二号宫殿后有一座大墓，所以它是一座宗庙，对应大地湾遗址的 F411。

明堂在夏代叫"世室"，"世"指"大"。二里头宫城里 F1 的主体建筑远大于 F2，可以视为明堂。这个明堂周边为一大圈廊子，当时的天子应就住在这些廊子中。同时，这个明堂做了很大的台基，形状也采取了特殊处理，可能兼有明堂和朝会建筑的作用。和大地湾遗址的情况相比，二里头的明堂移到西南，服务于天子的宗庙则迁至东北，占据了最为关键的祭祀位置，说明当时天子直系祖宗祭祀地位的上升，但宗庙仍小于明堂，可见当时天子的权力还要受到族群长老较多的制约。

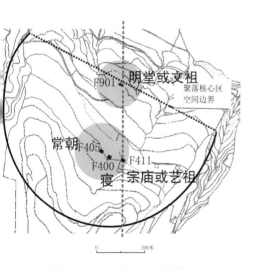

8-10　甘肃省秦安县大地湾中心区建筑关系分析图

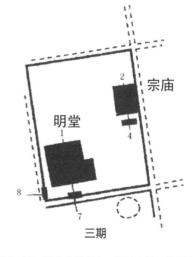

图 8-11　河南省偃师市二里头宫城三期平面图

　　大地湾与二里头相比，还有一个很重要的特点：大地湾中心区的形成是依靠冲沟、断崖、山坡限定出来的。二里头宫城则用强制性的城墙将这些围在一起，形成一个新的中心，这种强势空间控制的出现从各个层面显示出了当时社会权力更加集中于少数人手中。

　　偃师商城宫城的组织变迁更为具体地显示了国家权力的转移。从一期遗址上看，偃师商城宫城可以被分成东西两个区。东侧的四号宫殿与二里头遗址的情况类似，被大家一致认为是宗庙；西侧有一系列建筑——七号、九号、十号宫殿，其中有专家认为九号是明堂。我们非常同意这种说法，理由是除了墙体和台基的构造显示其为一个大棚子外，最重要的一点是在它的西南方向上设有一个明确的入口，而由西南入是明堂祭祀的基本特征。

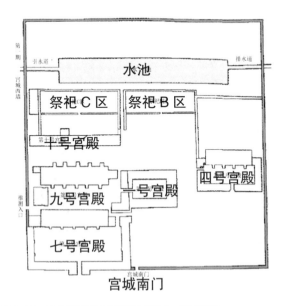

图 8-12　河南省洛阳市偃师商城宫城一期平面图

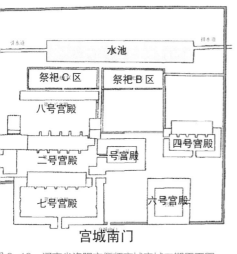

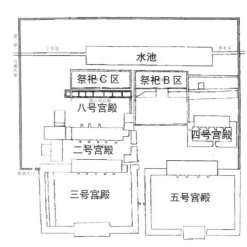

图 8-13　河南省洛阳市偃师商城宫城二期平面图　　　图 8-14　河南省洛阳市偃师商城宫城三期平面图

　　同时，偃师商城宫城的七号、九号和十号宫殿共同对应着二里头遗址的一号宫殿，或者说相当于二里头一号宫殿被一分为三，一部分作为独立的明堂，一部分作为朝会之所，还有一部分成为寝宫。相较于二里头，这里的明堂规模有所减小，并被夹在两座建筑之间，其地位进一步降低。

　　这里的一号宫殿，是处理牺牲的场所，它首先与明堂相连，算是给了传统做法面子。到了二期，情况发生变化。四号宫殿的右前方增加了六号宫殿，这也是一个处理牺牲的场所，明堂和宗庙都有便宜行事的庖厨建筑，说明宗庙的地位又有了提升，天子或王在统治架构中的地位是上升的。

　　到了三期，整个片区的格局发生了大规模的改变。南部的六号、七号宫殿被拆除，在用地上向南推进，建造了尺寸远大于前的三号宫殿和五号宫殿。五号宫殿原本供奉商王的近祖，在这一阶段又把原由明堂供奉的远祖拉出来单独供奉，明堂的祭祀重要性进一步下降，商王在组织架构中的地位进一步上升。

　　上个世纪的殷墟发掘，很长时间都没有发掘到城墙。一般情况下，古代都城都要设城墙，因此有人质疑：这里真的是商朝的都城吗？后来洹北商城被发掘，此一区为殷都所在才真正确定无疑。在洹北商城的宫城区域内，一号、二号宫殿的位置关系、建筑组织形式与偃师商城的四号、五号宫殿相类，且1号建筑基址上发现了祭祀遗存，据此可以判定，一号、二号宫殿均是宗庙，一号宫殿应用于供奉商人始祖和其他先公先王，较小的二号宫殿则供奉时君以上的四代先王。

图 8-15　洹北商城遗址平面图

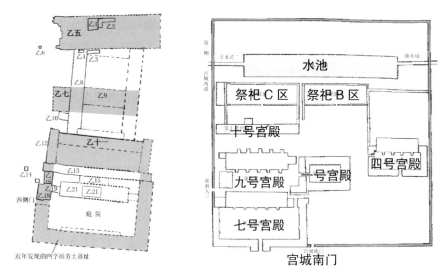

图 8-16   小屯殷墟宫殿区早期建筑组合平面图（左）与河南省洛阳市偃师商城宫城
一期平面图（右）

　　参照偃师商城，在本来的设计中，一号基址和二号基址的西侧
还有一个与偃师商城宫城西半部对应的部分，这个部分和现知的宫
城拼合在一起，才是洹北商城宫城的全部。不幸的是，一把突如其
来的大火烧毁了洹北商城的一号宫殿。这场大火或许触犯了某种禁
忌，因此，人们暂停在此建设，将建设中心转移到了安阳小屯一带。

　　在小屯殷墟宫殿区乙址，如果忽略其后建设的其他基址，把早
期建造的基址单独勾画出来，我们应该能够十分顺利地看出，它们
正与偃师商城一期宫城西侧由七号、九号和十号宫殿构成的建筑组
合相对应。

　　洹北商城的搁置，使得祭祖只能在明堂进行，对于隆重的祭祖
活动而言，小屯殷墟的明堂面积似乎过小了，地位也不突出。因此，

使用一段时间后，在保留洹北商城祭祀中心地位的前提下，大规模的改建取消了乙址南部早期建造的"凹"字形部分，把本来处于二线的乙十一等解放出来，并大加挥洒，最终在此形成了一个"亚"字形的主体，也就是一个"五室"明堂。这个明堂与大地湾遗址的F901相似，只是规模更大、构形更复杂。

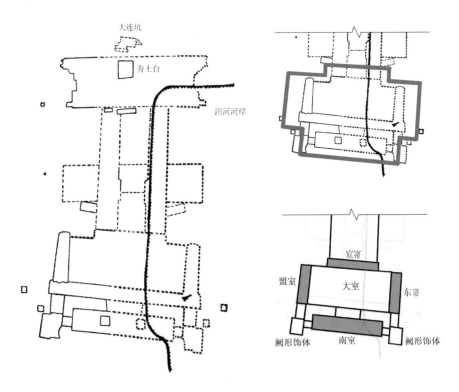

图 8-17　李济《安阳》一书中对乙组基址复原的设想　图 8-18　在小屯乙址南段加了"亚"字形的乙组建筑基址平面图和各部名称图

　　这种改变显然是对偃师商城以来殷人长期坚持的聚落组织和礼仪规则的一次颠覆。虽然原本应该单独祭祀的祖宗被迫与其他神灵一同祭祀，但给其一个特别隆重的场所，也算是对祖宗有所补偿。明堂区域宗庙区长距离分置的做法的出现是一个偶然事件的结果，但却正好与后来的封建制度特别强调先祖祭祀的需求相合，成为了周人都城建设的规则。

　　比较姜寨遗址，商代的低等聚落的构造也有改变。河北省石家庄市藁城台西村的晚商村落遗址现存八幢完整的建筑遗存，由北向南形成三个基本段落。

　　第一个段落只有 F14 一幢建筑。这座房子北段很特别，西边和南边都没有墙，北墙前面有一个土台，应是供奉神灵的基座。F14 从登堂入室的台基到供奉神灵的基座的路线是由西南向东北，强烈地提示在这里进行祭祀要从西南进入。F14 房顶为一面坡，可以视为大棚子，从而与大地湾 F901 的南半部相同。可以认定，F14 是村落级的明堂。有意思的是，在 F14 的南段，即主体建筑的辅助部分发现酿酒遗存，说明当时明堂是社会基层人员节庆时聚会喝酒的地方。

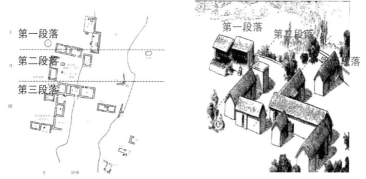

图 8-19　河北省石家庄市藁城台西遗址房屋分布平面及聚落之布局复原示意图

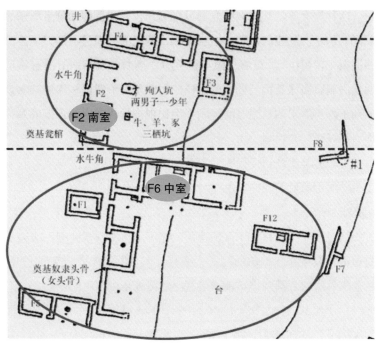

图 8-20   河北省石家庄市藁城台西遗址第二、三段落平面图

　　第二个段落包括 F2、F3 和 F4 三座建筑，第三个段落则包括
F1、F5、F6 和 F12 四座建筑。这两个段落的中间都有一个房间，
室内式壁上挂有人的颅骨。这种颅骨应是献俘仪式的遗存，所以，
这里实际上是比较低级的宗庙或家庙。祭祀场所不是独立建筑，只
是一幢建筑中的一间，在格局上符合"庶人祭于寝"的礼仪要求。

　　与姜寨相比，服务于整个聚落的各方分量相似的广场已不存在。
服务整个聚落的明堂脱离人群的主要活动区，并且未发现明确的祭
祀遗存，可见这时祖宗祭祀应该更为隆重，家族是更为明确的利益
集团。

过去人们认为西周在沣水流域的都城由丰、镐两个部分构成。
上个世纪初，在青铜器上发现的"蒡京"实际上对这种说法提出了
挑战。我在《西周西都的构成和周人之都邑制度》（未刊稿）一文
中指出"蒡京"就是灵台，灵台在某种程度上是从明堂演化过来的。
丰邑应该在灵台的正南，由于丰邑内也有周人的宫殿和宗庙，所以，
丰邑和灵台的关系与大地湾遗址中心区的构成情况类似。

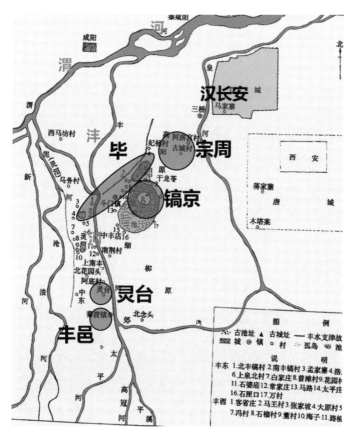

图 8-21　西周西都的组成示意图

图 8-22　西周镐京与宗周示意图

图 8-23　河南安阳小屯殷墟与洹北商城位置

　　考证表明，镐京其实是明堂，宗周应在镐京的东北，二者的关系与小屯殷墟和洹北商城的关系相似。它们共同形成了另一个区别于丰邑和灵台的以宗庙为独立核心的系统。两个系统的并立，是后人以为西周西都由两个部分构成的基础。西周后期出现的"五邑"一词，当指莽京、镐京、丰邑、宗周和周王陵寝所在的"毕"。周文王去世前就设定了要建造一个和商朝同样的都城，这一任务最终由周武王完成。

　　为了控制中原，周人在洛阳盆地建造了另一个都城。20 世纪50 年代在洛阳盆地发掘出的一座城池，规模符合"天子之城方九里"的说法，许多人认为它是东周的产物。我同意曲英杰的说法，这个城址的基础是西周的另一个都城"大邑成周"的主导部分。

　　大邑成周由主城和王城两个部分构成，在主城的西南，有一个王城区，其中含有王宫、明堂、灵台。这个王城区的格局大略与晋新田和赵邯郸的王城区相类。

　　赵邯郸王城与晋新田王城的差别在于，赵邯郸王城的明堂位于边缘，朝寝处在宗庙和明堂之间，带有居中意义。这里，城池主要要素的安排逻辑比起商朝的情况，祭祀的地位有所下降，统治者日常行政在整个国家权力建构中的地位得以凸显。

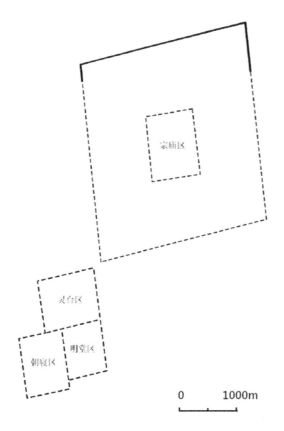

图 8-24　西周之大邑成周格局推测图

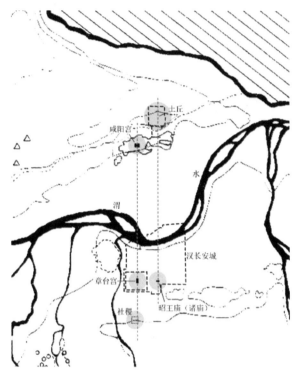

图 8-25　章台、咸阳宫与诸庙、塬上土丘双轴并立位置关系

　　秦咸阳的布局与偃师商城类似，它构造了两条互相平行的轴线：一条由咸阳宫—章台宫—秦社稷构成；一条由宗庙建筑群主导。这两条轴线暗示着某种权力的平行性。秦朝相应文献中没有"明堂"这一概念，也是时君越发占据主导地位的表达。

　　秦始皇一统天下后的第二年，在两条轴线之间开始了信宫的建设。它在一定程度上将原本分立的东、西两轴归置在信宫轴线的统辖之下，形成当世君主的殿堂占据地域空间系统主轴的格局。

应该在"焚书坑儒"后不久，信宫被改为"极庙"，以"象天极"。《史记索隐》曰："为宫庙象天极，故曰极庙。"《史记·天官书》曰："中宫天极星。"可见"极庙"就是"中央之庙"。这一都城核心设施性质的调整，使咸阳的中心区转而成为商代就确定了的宗庙主导的格局。

汉长安基本沿袭了秦咸阳的做法，虽然未央宫非常宏伟庞大，但是并不占据长安城的中轴线，而是位于长安城的西南角。

匡衡等根据时势要求明确地提出，都城设置应以天子为中心，所有设施应围绕天子进行建筑，而不是天子根据祭祀设施来安排王

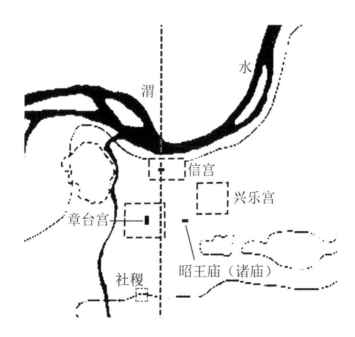

图 8-26　秦咸阳信宫（极庙）位置

宫："天之于天子也，因其所都而各飨焉。"这一说法引发了长时间的讨论与反复，直到王莽时期才利用汉长安格局，局部形成了"天子宫殿居中，左祖右社"的结构，并最终促成《考工记》的营国制度被广泛接受。

由上面的叙述可以看到，东汉以前聚落的中心要素，经历了一个由大房子到明堂、到宗庙、再到宫殿的变迁，这种变迁与这一时期社会的政治形态变迁是一致的。

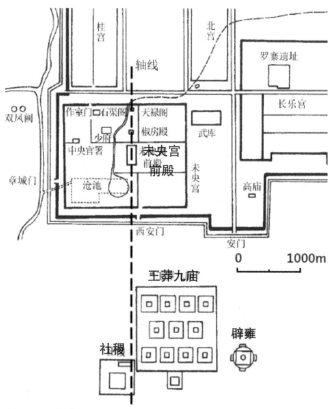

图 8-27　新莽长安局部轴线图

圣王与圣徒：乾隆时期的密教建筑营建

◇陈捷

> 陈捷，中央美术学院人文学院文化遗产学系主任、副教授，同济大学建筑历史与理论专业博士。主要研究方向为佛教美术、建筑艺术与遗产保护。出版专著 4 部，发表学术论文 30 余篇。著有《中国佛寺造像技艺》《五台山汉藏佛寺彩画研究》等。

　　清代前、中期，皇帝不只有一副面孔，他们有时也徘徊在不同的身份和不同的需求之间。

图 9-1　乾隆皇帝戎装像与朝服像

图 9-2　乾隆皇帝佛装图

　　图 9-1 中乾隆戎装像和朝服像体现的是一个皇帝的标准形象，端正而庄严，可以说是真正的圣王。

　　而在图 9-2 中，他身穿僧衣、戴着僧帽，手中也有相应的持物，则像是一个高级僧侣。这是怎么回事呢？

　　事实上，乾隆不仅留下了诸多自己的佛装图，乾隆时期的许多建筑营建，也与藏传佛教密切相关。如果说乾隆时期的营建同样徘徊在不同的身份与需求之间，那么这种身份和需求究竟指的是什么呢？

"多面"乾隆

　　一个皇帝的首要任务是维护皇权，与此对应，他的身份是皇帝。但是和宗教相干涉、相混合之后，会产生一个"圣王"的概念：在佛教中，圣王是一个专有名词——"转轮圣王"，即最英明、最睿智、最有成就的统治者。由此引出另外一个概念：圣徒。

当这些不同的身份交织在一起时，为了满足不同内容的需求，就会产生很多相应的表现。这种表现反映在书画上、文字上，也更多地表现在现今留存下来的北京城和其他各地的营建上。

乾隆五十七年（1792），雍和宫立了一块碑——《喇嘛说》。这是乾隆晚年对他关于藏传佛教的观点和态度的一个系统的梳理和叙述，其中最根本的就是"兴黄教即所以安众蒙古"。他说得很清

图 9-3　位于雍和宫内的《喇嘛说》石碑

楚：为什么崇信藏传佛教？最根本的原因是要通过藏传佛教来安抚蒙古各部，通过宗教来控制政治和人，控制整个地域文化。

中原的"文殊大皇帝"

顺治时期，五世达赖在奏文的开篇给顺治请安："达赖喇嘛致金光四射、银光普照、旋乾转坤、人世之天、至上文殊大皇帝明鉴。"这里为什么会称顺治为文殊大皇帝？这就涉及圣王概念的塑造。

图 9-4　白文殊像　　　　　　　　　图 9-5　宗喀巴像

上图中，左边是白文殊，右边是藏传佛教格鲁派祖师宗喀巴。从图像学的角度来说，这两幅图一个重要的共同点就是主尊两面的配饰——肩花，左右两边分别是喷着火焰的慧剑和经函。在藏传佛教中，"经"一般象征知识与智慧；"剑"则象征毅力、能力，以及抵御邪魔外道、斩断一切干扰的决断力。

图 9-6　乾隆佛装图

这张乾隆佛装图肩花上方有相似的慧剑和经函。当时，宗教和政治氛围中都出现了这种同构关系：文殊与乾隆——至高无上的菩萨、黄教的创始者与清王朝的统治者，通过宗教教义连接在一起。类似的做法在元代就有一些记载，如藏地的僧人称中原的皇帝为文殊大皇帝。

乾隆本身非常认可这个观点。乾隆五十一年，他第五次朝觐五台山，写了一篇《至灵鹫峰文殊寺即事成句》。开篇两句"开塔曾

图 9-7　五台山佛塔

图 9-8　三世章嘉像

闻演法华，梵经宣教率章嘉"，表明了章嘉活佛在乾隆时期的主导地位。最后，乾隆皇帝自己还写了注释，说曼殊谐音满珠，就是满洲，也就是说他自己都承认了这一套语境，或者这一套相互联系的观念了。

皇帝被称为文殊大皇帝，黄教和清王朝联系在一起，这也是乾隆乐见的。这种同构关系是系列营建最核心的基础。没有这一套语境，后面的营建活动都不会出现。

三世章嘉：乾隆的灵性伙伴

乾隆时期的营建，一方面出于政治需要，一方面出于信仰，还有一个不可忽视的原因就是个人的影响。这个人就是三世章嘉，他的影响力非常大，可以说主导了当时内廷藏传佛教的传播及相关营建。

三世章嘉八岁时被雍正帝带到了北京。雍正帝对他非常看重，让他和乾隆一起生活、一起学习。在章嘉亲传弟子写的传记中，记载了二人非比寻常的关系。如乾隆十年，乾隆对藏传佛教已经非常崇信，他接受了章嘉国师的灌顶，即所谓胜乐金刚灌顶。举行仪式时，乾隆请章嘉国师坐在高高的法座上，而自己直到仪式结束都一直跪在地上。

五台山是文殊的道场，乾隆曾六次朝觐五台山。三世章嘉非常清楚乾隆帝的喜好，所以从乾隆十五年乾隆第二次朝山开始，一直到他死，前后将近四十年的时间里，每年他都会在夏天的时候到五台山去清修，迎接乾隆的到来。

原来你是这样的"乾隆营建"

出于国家政治需要与个人信仰需求，乾隆皇帝组织营建了大量的密教建筑，如承德外八庙、五台山、三山五园、裕陵等，这些"乾隆营建"具有鲜明的特色。

首先是规模宏大。营建从乾隆十年到十二年开始，前后加起来将近五十年的时间，而且涉及的地域非常广泛，不仅有北京内城、外城、郊区，还包括河北、五台山，至少有几十处乃至近百处。

其次是规制创新。乾隆这个人非常爱玩，有想法，也有行动力。他创造了大量前所未有的建筑类型与内容，而他的好搭档三世章嘉则创建了很多全新的神系供养体系和模式，不仅前所未有，而且很适合乾隆的口味和欣赏水平。客观地说，乾隆对藏传佛教的理解并不是特别深刻，但章嘉能很好地适应他，这也是章嘉的能力。

另外还有一个很大的特色是写仿因借。乾隆喜欢仿造各种东西，他觉得寺院里某个东西好，就会在不同的地方反复地建造，以至于不少建筑形式十分相似。

承德外八庙：再造"圣地"概念

乾隆在承德和北京营造大规模的藏传佛寺有着非常明确的政治目的。他的政治目的如何达到？主要就是通过再造"圣地"这个概念。

有一种说法是，承德外八庙中罗汉堂的建造仿照了海宁安国寺。该罗汉堂民国中期就已基本消失，不过我们现在能在香山碧云寺看到一个一样的罗汉堂，它和承德罗汉堂几乎是在同一时间建造起来的。相关的历史档案里明确写到，两个罗汉堂的罗汉都是在杭州做好运过来的，先是给碧云寺的罗汉堂，乾隆很喜欢，于是就给避暑山庄又做了一套。两个罗汉堂的建筑造型也完全一样，都是田字格局，中间有一个建筑。

图9-9 承德外八庙罗汉堂，建于乾隆三十九年（1774），位于北郊狮子园。仿浙江海宁安国寺罗汉堂，在碧云寺罗汉堂之后建造

图 9-10　罗汉堂

另外一个寺院广安寺早就没了，20 世纪 30 年代日本人去拍照时已经是一片废墟，只能看到外圈的一些围墙。这个寺院是乾隆为给崇庆皇太后贺寿而营建的，里面有一戒坛，即僧人受戒的地方。

接下来是一些非常重要的寺庙。首先是普陀宗乘，又称为小布达拉，营建于乾隆三十六年（1771）。那年乾隆本人六十大寿，崇庆皇太后八十大寿，为了庆寿，以及方便少数民族贵族觐见，修建了此庙。这座寺庙是仿照布达拉宫的形制建造起来的，其规模在外八庙中是最大的。

普陀就是普陀山，佛教里指观音道场，在梵文中，布达拉就是普陀的宫殿的意思。藏传佛教后期有一个观点，认为达赖是观音的化身，达赖居住的宫殿布达拉则象征着普陀山。把布达拉宫搬到承德是很不一般的举动。为自己庆寿而搬来观音的道场，自己又是皇帝和文殊的化身，我们可以隐隐约约感觉到，乾隆是有意要将两个东西都把握在自己手里、凝聚在自己身上。

乾隆为什么要这么做呢？这是由于西藏地区最有势力的两大活佛就是达赖和班禅，而班禅相对偏弱，真正能控制西藏局面的往往是达赖。乾隆一直在致力于和达赖支系建立联系。

乾隆七十大寿时，又为自己，同时也为另一位重要的僧人——六世班禅盖了一座寺院。六世班禅到内地朝觐乾隆皇帝，为了庆祝这一盛事，乾隆专门在承德给六世班禅建了一座行宫——须弥福寿之庙。

图 9-11　广安寺废墟。广安寺建于乾隆三十七年（1772），其位于市区北郊，殊像寺以西，共占地一万余平方米。乾隆为了庆祝皇太后八十大寿，取"广大广安"之意，建立该寺，内设戒台，整体为藏式风格

图 9-12　普陀宗乘

图 9-13　须弥福寿之庙

　　"须弥"指须弥山，须弥福寿之庙等于是把扎什伦布寺搬到了承德。乾隆的用意非常深远：将藏地核心的圣地全部搬到承德来复制。这就是圣地的再造。

　　故宫的罗文华老师写过一本《龙袍与袈裟》，书一开篇就说过这个问题：清王朝致力于做一件事情，即尽量地切断乃至割裂藏地藏传佛教和蒙古藏传佛教之间的联系和沟通，因为这两部分一旦联络起来同时出现变乱，整个西北地区一直到东北将连成对清王朝威

图 9-14　普宁寺

胁巨大的一条带。

　　清王朝要怎么实现割裂呢？一方面通过条款和章程等控制、削弱达赖和班禅两个支系；另一方面在承德、北京、五台山大力营建藏传佛教寺庙，形成一种圣地的氛围，以后所有蒙古王公贵族、信徒等，不必再去西藏和拉萨，来这里就好了，这里就是你的圣地。

　　普宁寺，即所谓大佛寺、大佛阁，建成于乾隆二十四年（1759），是仿照西藏的桑耶寺建造的，它也体现了佛教中须弥山的概念。桑耶寺的正面是金刚宝座塔的形式，中央一塔，边上四塔，整个建筑群就像一座须弥山。这个建筑亦不是一个简单的宗教建筑，而有着非常浓厚的政治意味。

图 9-15　西藏桑耶寺

　　紧挨着普宁寺的叫普佑寺，建于乾隆二十五年（1760），属普宁寺管理，是外八庙的扎仓，即喇嘛的学校。其回廊里面有很多罗汉像，它们都来自承德罗汉堂。罗汉堂上世纪三四十年代变得非常破败，里面的罗汉就移到了普佑寺。1965 年，普佑寺起火，五百罗汉只抢救出一百多尊，其中有一部分现在在北京。寺中法轮殿的内部造型非常像须弥福寿之庙的万法宗源殿，这种做法实际上是藏地非常常见的曼陀罗模式。

　　普佑寺边上还有一座寺院，破败得很厉害，就是广缘寺。广缘寺建于乾隆四十五年（1780），是普宁寺大喇嘛自己联合一群僧人筹款，为给皇帝祝寿而兴建的一座私家庙宇，乾隆御题"广缘寺"。今后殿已毁，其余建筑残存。

图9-16　普佑寺罗汉造像

图9-17　广缘寺

以上是河西，到河东最北边就是安远庙。安远庙是仿照新疆伊犁河北部固尔扎庙旧制修建的。平定阿睦尔撒纳叛乱后，为嘉奖达什达瓦部东迁，这座寺院被建造起来，后成为蒙古王公觐见之所。

整个外八庙中，普乐寺是个例外，和政治的原因关系不太大，更多的是出于乾隆和章嘉二人的爱好。普乐寺建于乾隆三十一年（1766），参考乾隆写的《普乐寺碑记》和《章嘉若必多吉传》可知，这个庙的建造主要是为了供奉胜乐金刚。

除了承德外八庙，北京雍和宫在乾隆九年（1744）被改成了一座喇嘛庙，当时在藏传佛教界引起了非常大的震动，很多人上表颂

图 9-18　安远庙

扬乾隆。乾隆的目的很明确，就是构建圣地。雍和宫大量接收蒙古族喇嘛，而藏地喇嘛很少，为什么？很大程度上是为了笼络蒙古。

个人的修行

除了官方的营造，乾隆也为自己祈福修行而进行了营建。最典型的就是养心殿里面的佛堂。它是一座"回"形建筑，中间有一座塔。

在清宫中还有一种建筑，称为六品佛楼。这是章嘉独创的概念和一套全新的供奉体系。清宫内务府下辖的六品佛楼共有八处：紫禁城内为建福宫花园内的慧曜楼、中正殿后淡远楼、慈宁宫花园内的宝相楼、宁寿宫花园内的梵华楼；圆明园长春园含经堂西梵香楼；

图 9-19　养心殿佛堂

图 9-20　梵华楼

承德地区有珠源寺众香楼、普陀宗乘之庙大红台西群楼、须弥福寿之庙妙高庄严西群楼。八座佛楼建于乾隆二十二年至四十七年间（1758—1783）。六品佛楼中保存得较为完好的是宁寿宫东部的梵华楼。梵华楼内七开间，明间以外的六室，代表藏传佛教修行的六个部分，故而清代宫廷称之为"六品佛楼"。六室由西向东依次是：一室般若品，二室无上阳体根本品，三室无上阴体根本品，四室瑜伽根本品，五室德行根本品，六室功行根本品。梵华楼为宁寿宫东路最后一座建筑，与宁寿宫同期兴建于乾隆三十七年，乾隆四十一年落成。

位于故宫西北的中正殿区域是清代藏传佛教最核心的区域。中正殿不光有供奉的内容，还承担着其他一些复杂的功能，如绘画、

图9-21　雨花阁

造像、设计等。

　　雨花阁也是章嘉的设计。有一天乾隆和章嘉聊天，章嘉说在西藏有一个非常漂亮的寺院叫托林寺，是四层的。皇帝说好，我也来一个。乍一看，这雨花阁明明是只有三层啊？这是由于汉地传统建筑都是奇数层不是偶数层，这与阴阳有关。实际上该寺院的确有四层，在一层和二层之间还有一个夹层。

　　清代的皇帝一年到头在紫禁城待不了几个月，大部分时间都在西郊的三山五园里面。圆明园他们最喜欢，其内部也有大量的宗教建筑。《圆明园四十景》中就有日天琳宇、慈云普护、月地云居、坐石临流（舍卫城）等。日天琳宇是其中一个佛楼。慈云普护在二层楼阁里供了观音，而且好玩的是这里有一个钟楼，不是敲钟的钟楼，它挂的是来自西洋的钟表。圆明园内最大的佛教建筑则是舍卫城。

图 9-22　慈云普护

　　圆明园里密教特色最丰富的是月地云居，或称清净地。内有一座重檐攒尖顶的大殿，匾额曰"妙证无声"。殿内是藏传佛教胜乐金刚的坛城，有大量的佛像，在特定的时间会举行仪式，诵经并祭祀。

　　承德分两部分，一部分外八庙，主要是用于政治目的；而避暑山庄就是皇帝自己享乐用的了。现在，避暑山庄中，永佑寺只剩一座塔了；还有一个珠源寺，只剩下一个台基。佛楼也是六品佛楼。

图 9-23　月地云居——清净地

图 9-24　永佑寺

属于满族的藏传佛寺

乾隆时期出现了专门的满族藏传寺。乾隆有一天和章嘉聊天，说我们满族人信奉佛教，但没有出家的习惯。皇太极在沈阳时就已非常崇信佛教，但满族的八旗制度不允许他做出家等事情。乾隆要为自己的宗族、为国家祈福，就要建立满族的僧人和寺庙。为什么后来章嘉要编译《满文大藏经》？这与乾隆要构建的满族藏传佛教体系有关系。当然，乾隆要构建这一体系，也有他自己的政治目的。

营建方面，最早的是香山的宝谛寺。宝谛寺现在基本是片瓦不存，只能看到一些牌楼残件。乾隆对五台山非常崇敬，乾隆二十六年他第三次朝台的时候，到了五台山的殊像寺。他朝觐了圣像后，

图9-25　宝谛寺

非常受感染，手绘了小草稿并委托著名的画师绘画，其中一幅文殊像最后成形定稿，乾隆为此非常得意。后来，为了给母亲祈福，他供奉文殊，修建了宝相寺。这个举动非常有意思，并不是说他建了一个寺院，而是从此他一发而不可收，接连建了很多类似的寺院，毕竟他实在是太喜欢文殊了。

图 9-26　五台山殊像寺中的文殊造像　　图 9-27　乾隆手绘文殊像

帝王身后事

　　人总是要死的，乾隆死后葬在河北遵化清东陵，他的陵即裕陵。裕陵说普通很普通，说特别又很特别。裕陵的地面建筑和地下建筑是清代帝王陵寝的标准模式，四门九券，并没有什么特别。那么乾隆帝地宫的不寻常之处在哪里呢？

　　实际上进入裕陵之后我们就能看到，整个地宫无处不雕饰，地面和墙面密密麻麻全部是各种藏传佛教的图像文字，有梵文、藏文，也有各种佛、菩萨和金刚等。

　　乾隆把整个身后之所营建得如同佛殿，这也是乾隆真心信奉藏传佛教的一个表现。人在活着的时候可以说假话、做假事，可以表

图 9-28　裕陵头层门洞券——明堂券

图 9-29   裕陵中的天王浮雕

演，但是对于传统的中国人而言，陵寝是真正的长眠之处，这里表达出的是真正的心里所想。

那么乾隆搞这一套东西的目的是什么呢？简单地说就是净化庇护。帝后梓宫在天王的驱恶、五佛的加持下，通过八菩萨的引导于纵深空间穿行，在此过程中借三十五佛之力渐次清净三业，最终抵达五佛庇护的长眠之所。

半亩山池半壁天——北京半亩园传奇

◇贾珺

贾珺，博士，现任清华大学建筑学院教授、博士生导师、国家一级注册建筑师、清华大学图书馆建筑分馆馆长、《建筑史》丛刊主编、中国建筑学会史学分会理事。长期从事中外建筑史的研究与教学工作，先后主持国家自然科学基金3项、北京市自然科学基金1项，出版学术专著7部，在核心期刊和国际会议上发表学术论文100余篇，主持和参与建筑、规划及文物建筑保护工程20余项。

各位老师，各位朋友，大家好！非常荣幸，也感谢主办方能够给我这样一个机会，和这么多的朋友一起来分享关于一座中国古代园林的故事。

浅说北京园林

大家都知道，中国古建筑有很多不同的类型，比如说有宫殿、坛庙、民居等，在所有这些类型当中，最有意思的或者说包含信息最丰富的，毫无疑问就是园林。因为园林里面除了建筑之外，还会有山、水、植物这些非常美好的景观值得人欣赏。

　　说到园林，大家马上想到有皇家园林和私家园林两个大的类别：北京比较多的是皇家园林，北海、颐和园、香山、玉泉山都是；说到私家园林，大家首先想到的应该是江南，特别是苏州——很多人以为中国只有江南才会造私家园林，事实上并非如此。一般来说，首都地区通常是皇家园林的兴盛地，私家园林几乎各地都会兴建，只不过江南地区数量最多，而且水平最高而已。

　　北京作为多朝的首都所在，不仅仅有皇家园林，同时王公大臣，包括很多富商和文人学士都会修建自己的私家园林，数量比我们想象的多得多。然而非常遗憾，由于种种原因，今天我们能够看到的实例，连1%都不到，这实在是很可惜的一件事情。但是我们仍然有机会，去了解这些非常灿烂的古代文化遗产的重要组成部分。今天我们将要讲述的半亩园，就是这样一座非常富有传奇色彩的北京私家园林。

半亩园的几位"前任"

　　先说一下这个园林的始建情况。清朝康熙年间，第一任主人是贾汉复，官至陕西巡抚这样很高的职位，所建的半亩园在北京的东城，现在中国美术馆北边。这个位置非常靠近皇城，是北京最好的地段之一，当时叫弓弦胡同，因为据说明朝时这里是御林军生产弓箭的场所，现在叫黄米胡同。到了清朝，这里成为达官贵人聚集的一个高档社区。

　　这座园林在康熙年间出现，不是一个偶然现象，因为在清朝康熙时期曾经兴起一场重要的造园热潮。南方和北方大量的新园林不断被修建出来，在北京，皇帝开始在北海、畅春园、玉泉山、香山等皇家御苑大兴土木，同时皇子和王公贝勒、大臣们也都热衷于建造自己的私家花园。半亩园在其中算是规模比较小的，主人也不是特别显赫，但是名气却非常大，一个重要的原因在于它和当时最著名的一位艺术家——李渔有关系。

　　李渔当时主要住在江宁（今江苏南京），家里面有一个戏班子，还刊刻图书，从事很多文化活动。李渔到过北京两次，第一次正是应陕西巡抚贾汉复的邀请，在北京住了些天，受到当时上层社会很大的欢迎，曾经去参观过好多著名的私家园林，给这些园林题字、写对联或者写诗。传说好几座园林都是由李渔亲自组织设计完成的，但是后来的学者仔细研究发现并没有确切的证据，因为他在北京的时间毕竟很短，很难说会做什么具体设计。不过中国人当然更愿意相信所有的艺术作品都出自名家之手，半亩园因此得以笼罩了一层特殊的光环。

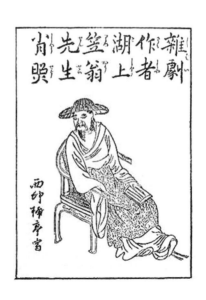

图 10-1　李渔像

后来半亩园慢慢衰落了。乾隆年间，贾汉复的后人把半亩园卖给了一个来自山西的杨姓富商，嘉庆年间又卖给了满人春庆，日渐颓败。到了清朝下半叶，半亩园重新名声大振，几乎成为北京最著名的私家园林，这与道光年间的一任新主人有非常密切的关系。此

图 10-2　麟庆画像

人名字叫麟庆，满族镶黄旗，完颜氏，金世宗嫡系，满洲大姓之一。这个人所在的家族非常鼎盛，是满洲最显赫的文化世家，无论家族还是他本人都有极高的文化修养。麟庆1791年出生，18岁中了进士，一直做到总督的职位。

以文入仕的麟庆家族

麟庆的家族有很独特的地方。大家知道，清朝当年是通过武力入主中原的，所以皇族贵胄做官，往往都从武职起家，比如担任宫廷侍卫或者直接参军，这种事情很常见。而麟庆他们家从追随多尔衮入关开始，就主要通过科举的方式做官，出了很多卓越的学者。特别是六世祖阿什坦，曾经把很多儒家典籍翻译成满文，被康熙称为"我朝大儒"；五世祖和素同样学识渊博，八旗子弟举行考试的时候，无论满文和汉文他都排名第一。麟庆的父亲做的官不是特别大，最高是太原知府，但他的母亲恽珠是清朝很重要的女诗人，并且是江南大画家恽寿平的族孙女。在麟庆身上，满族文化传统和江南世家传统融合在了一起。不光麟庆本人有很好的文化修养，身居高位，而且他们的若干代子孙同样担任高官。两个儿子后来做的官比他还大，重孙还做到副都统的位置，其家族在清朝前后鼎盛十几代。

有一句古话，"做官三代，才懂得穿衣吃饭"，那么也许要"做官十代"才能陶冶出非常好的园林。我们再来看看麟庆本人，他喜欢写诗，喜欢收藏，能做官，最大的爱好和一般的官员，特别是和满族官员不太一样。这个人特别喜欢旅游，尤其喜欢园林，或者是带有某些园林属性的山水名胜，比如西湖这些地方，每次探访还会写一些简单的游记。

喜欢"自拍"的麟庆

麟庆还有一个爱好，和现在很多年轻朋友很相似，就是喜欢"自拍"。当然我们知道，那个年代既没有手机，也没有数码相机。他自拍的方式就是游山玩水的时候，聘请一两个职业画家和他一块儿去，然后把看到的美景画下来，同时把他本人画进去，用这样的方法完成类似"自拍"的过程。他这个行为其实和乾隆皇帝南巡非常像，他们俩可以算作知音。到了晚年，麟庆把所有的游记和画家所绘的画放在一起，成为一本书，起名叫《鸿雪因缘图记》，一套三册，一共包含240个章节，每章都有一篇游记和一幅插图，非常有意思。麟庆留下来的画像很多，看他的形象很难想象这个人是一个旅游家，我更愿意相信他是一个美食家，比较富态。

图 10-3　《鸿雪因缘图记》书影

除《鸿雪因缘图记》外，麟庆还有诗集、文集和一些水利方面的著作，如《凝香室诗集》《黄运河口古今图说》《河工器具图说》。我觉得，如果他活在今天，主持一个旅游公众号，肯定非常火，可是在那个时代只能通过出书的办法传播自己的旅游感受。我们今天看到的很多画都来源于这本书。最早的一张画，画他从小在北京生活，梦见过江南的风景，里面有寺院和花园，印象非常深刻，好像他天生对江南美景和园林风物就有一种潜在的向往。

"不专心"做官的麟庆

后来，麟庆开始外出做官，仕途很顺利，在很多地方都当过官，去过贵州、湖南、湖北、安徽。但这人好像当官不是特别专心，每到一处只要有一点闲暇，就去找当地最有名的名胜古迹或者最著名的园林。

图10-4是他去游览浙江宁波天一阁的情景，这类画是很宝贵的，因为它们真实地记录了那个时候园林的原貌。所以实际上麟庆本人看过很多园林，但从来没有机会真正拥有一座园林或者参与建造一座园林。原因很简单，因为以前他的家一直在北京，北京的房价不光现在很高，古代也很高，尽管其父亲是知府，祖上做过很大的官，家里的财产也够买一个四合院，但远不足以建造花园。但奇妙的是，麟庆年轻的时候就和半亩园结下了缘分，他曾经在韩家潭芥子园跟朋友一块儿喝酒，朋友说当年李笠翁在北京设计的最有名的一座园林叫半亩园，不知道在哪儿。麟庆听了这个话之后特别向往，就回家写日记，说如果有一天，我能够看到半亩园，甚至能够拥有半亩园的话，那应该是一件人生快事，这是他二十岁的时候发生的很小的插曲。

图 10-4　宁波天一阁

　　当然后来麟庆离开了北京，一直在不同地方当官，最后官僚生涯的顶点就是在清江浦担任江南河道总督。清江浦（其地在今江苏省淮安市）这个地方恰好处于黄河、淮河和大运河的交界之处，所以设置这么一个总督署。这里距离苏州、扬州非常近，所以给了他很多机会去造访江南名园。总督署本身有一个西花园，叫清晏园。他到任后发现这个花园有点破旧，于是第一次有机会尝试整修改造园林。图 10-5 画的是他和两个女儿在花园生活的场景。

图 10-5　清晏园

麟庆结缘半亩园

　　道光二十一年（1841），麟庆得到了北京半亩园待售的消息，立刻派他的儿子崇实回京购买。经过勘察发现，当时半亩园已经破败，必须要进行大规模的重修和改建，所以当时他们就委托了风水师和造园师共同设计。这个记载给我们提供了一个很重要的信息，那就是古代的建筑和园林同样经过很严格的设计，而且往往还需要去仔细地考量风水的环节。麟庆本人当时远在江苏，没有办法到现场去看，就让设计师专门画了一张平面图，而且还制作了一份建筑模型，当时叫"烫样"，千里迢迢通过大运河运到总督署，他亲自确定所有的细节，在江苏遥控整个半亩园的工程。但是完工了之后不能马上回来住，于是麟庆就开始给半亩园写一些文章，首先写了一篇《半亩园记》，这篇文章由他书法很好的一位学生沈树基写成了一组碑文，后来刻好了镶嵌在半亩园廊子里。《半亩园记》第一句话就说自己三十年前听说过半亩园，没有想到三十年之后真正能够得到这个园林，这是非常难得的，乃"因缘天成"。就在这时候，麟庆的仕途出现了重大的问题——买下半亩园的第二年，黄河大堤决口，作为河道总督的麟庆被皇帝革职，离开清江浦回到北京，变成一介平民。但他终于可以入住三十年前向往的半亩园了，心情还是不错的，正所谓有得有失。

走进半亩园：该如何去欣赏一座园林

在座的朋友可能都有机会去参观园林，有的时候也有人问我，园林到底应该怎么欣赏。我给大家提醒一下，去园林里面看什么呢？首先应该关注园林里面的庭院空间。所有的园林，不管大小，其实都由若干个院子组合而成，院子和院子之间有非常微妙的关系。我们先感受一下院子本身多大，是明亮还是阴暗，是幽闭的还是开阔的。然后看里面的景观要素，一是所有的建筑，包括厅堂楼阁，也包括亭台水榭。其次看假山，还有水（系），溪流也好，小瀑布也好。最后是植物，各种各样的树木、竹子、花卉，都值得我们关注。此外还可以看很多细节，比如匾额、对联、小品、铺地、装饰、家具，等等。

南北方庭院空间格局有很大的差异，江南园林很不规整，没有规律可循，变化很大。北方不是这样，北方园林的庭院绝大部分情况体现了方正的概念，通常会在北边的位置有一个相当于正房的建筑物，两边的建筑物不是完全对称，但是大致是平衡的，也就是说有很明确的东厢、西厢的概念，我们把这样的格局叫作"一正两厢"。这种格局在北方，特别是在北京地区非常常见。江南园林则不是这样。因为北方城市本身往往是比较平直的，所以北京园林这种方位感非常明显，半亩园也如此。

为何叫作"半亩园"

这座园子之所以叫作半亩园，并不是只有半亩的面积。之所以叫这个名字有两个原因，一个是谦虚，古人往往喜欢说自己的园子小，类似寸园、芥子园等都是这个意思。另外，这个名字和"半亩方塘"的典故有直接的关系。其最核心的水景是一个长方形的小池塘。今天这种接近于方形的几何形状的园林水池很少见，但是明朝以前这种水池是园林水池的主流，无论大型的园林还是小型的园林都喜欢这样做，很规则，两边有栏杆，可以养鱼。大家很熟悉的南宋理学大师朱熹就写过一首诗："半亩方塘一鉴开，天光云影共徘徊。问渠那得清如许？为有源头活水来。"所以我们看到北宋时期的《金明池争标图》，画上的皇家园林有一个大大的方池。后世很多园林都喜欢做方池，也喜欢沿用半亩方塘这个典故。历史上叫"半亩园"的园子很多，画家龚贤在南京有一个，另外清朝文人丁晏在淮安也有一个半亩园。甚至在北京的圆明园里也有一个半亩园，也是这么一个方池。

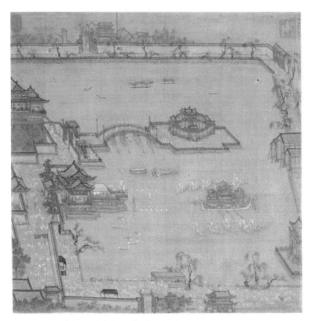

图 10-6　《金明池争标图》（局部）

图 10-7　圆明园半亩园方池

半亩园剖析

图 10-8 就是半亩园整个宅园的总平面，非常明显，东边是非常规整的四合院住宅区，西边是花园所在，二者之间有夹道隔着，全家在此居住生活。花园里面有十来座不同形式的建筑物，堪称私

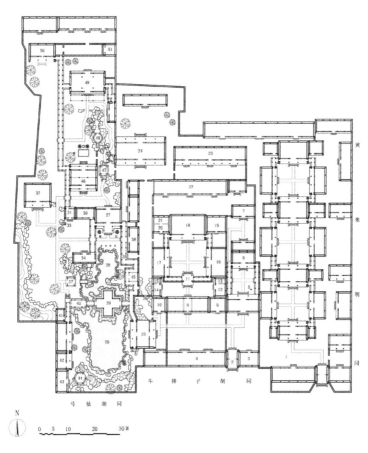

图 10-8　半亩园总平面图

人博物馆，保存有很多的文物和艺术品。有的地方专门收藏古籍，有的地方专藏绘画，有的地方专藏砚台，有的地方专藏各种青铜器，还有的地方专门放石头，非常丰富。半亩园还有一个特点，那就是无论住宅或花园，所有的房间都起了非常典雅的名字，并且专门请书法家——写成匾额，而且挂了许多对联，有很浓厚的文化气息。

图 10-9 是住宅部分。大家可以清楚地看到，庭院之中有一个大的鱼缸，还有盆景。其他细节我们可以关注一下，比如院子里面一丈多高的木杆，名叫祖杆，又叫神杆，杆上装了两个小斗，专门

图 10-9　宅第庭院

放了肉给乌鸦吃，这和满族人萨满祭祀的传统有关系。今天我们很难看到这种情景，但如果有机会去东北沈阳的故宫就能看到类似的祖杆，反映了非常深厚的民族传统。这张图表现了萨满祭祀的场景，他家完整地保存了全套萨满祭祀的工具，其中最隆重的一项仪式是杀一头大黑猪，然后在屋里面把猪肉煮熟，全家分吃白肉，并且祭祖。

再看看半亩园的入口，花园和住宅之间是夹道，夹道的端头有一个六角形的门洞。这张照片是黑白照，可以很清晰地看到一个有趣的场景，就是这座园林里面的墙既有灰砖墙，又有白粉墙。我们

图 10-10　半亩园六角门

今天去看苏州园林，几乎都是白粉墙，特别素雅。北京地区绝大部分的园林是用灰砖墙，这和地理环境有关系。南方总的来说潮湿温暖，老下雨，白粉墙会发霉，但是不会变得很污，显得挺好看的，但是这种墙放在北京很难维持。今天大家知道生活在北京最痛苦的事情之一是雾霾，其实以前人们最怕的东西是什么？是风沙，这种白粉墙基本上过了一个冬天和春天以后就要变成灰墙了，所以北京很少做白粉墙，只能做灰砖墙，因为耐脏。但是某些园林会在局部刷白粉墙，来模仿江南园林，宁可每年重新刷一次，半亩园就是很典型的例子。这段白粉墙的墙头不是直的，而是作波浪起伏的状态，叫"云墙"，也是源自江南的形式。半亩园尽管是北京的花园，但是很多地方很明显受到江南园林的影响。

厅堂是园林建筑物中最重要的建筑

园林中有很多的建筑物，类型丰富，那么最重要的建筑是什么呢？就是厅堂。相比其他建筑而言，厅堂就是"总司令"。明朝有一本讲造园的书叫《园冶》，里面说"凡园圃立基，先定厅堂为主"。就是说设计园林总平面图时，厅堂是最核心的，因为这里是主人家举行大型活动的场所，比如聚会、宴席等。

同样，半亩园在主要的院子里面也有一个最重要的厅堂——云荫堂。云荫堂有这样一副对联："源溯长白，幸相承七叶金貂，那敢问清风明月；居邻紫禁，好位置廿年琴鹤，愿常依舜日尧天。"意思是作为满族世家的完颜氏来自东北的长白山，世代做官，不敢玩风问月，现在住在这样显耀的位置，希望享受二十年的好时光，永远靠着皇帝的圣德照着我就可以了。事实上，我们在江南地区很难看到这种强调忠君感恩的匾额或者对联。但在北京的园林里面这类匾额很常见，这就说明不同地方的价值取舍是有差别的。北京作为首都和政治中心，大部分是身居庙堂的在朝之人，对他们来说，政治上很敏感，更强调儒家的理念。而江南远离政治中心，不管是当官还是退休的人，都有一种身处江湖的在野感，可以不去管皇帝的什么事，强调自由自在，向往陶渊明，道家文化往往占据上风。

图 10-11　近光伫月

这幅《近光仵月图》有三个信息值得我们解读。首先第一点我们看到一个小小的楼阁，半亩园一共只有两个小楼，这个数量相比江南园林算是比较少的。事实上在北京，不管是四合院还是园林里面，楼阁的数量都比较少。因为南方人口密度比较大，很多时候空间不够，气候又比较潮湿，所以喜欢住楼。北京地区则不是这样，大家可以了解一下，老北京特别讲究接地气，很少盖楼，而且楼上一般不住人，而是做佛堂或者储藏室等。对园林而言，如果完全没有楼阁，空间会显得平淡，需要建一两座小楼点缀一下，显得高低错落，而且有登高看景的机会。

其次，我们看到院落的西厢房房顶有一大片平台，这在江南地区很难见到。这种房子有什么好处呢？一是省钱，造价比较低；二是可以增加屋顶平台，为家里人提供活动的场所，但缺点是不能防雨。江南特别多雨，建这种房子会塌，北京下雨没有那么多，所以会建这种建筑物，作为一个活动平台使用。麟庆全家经常在这个平台上吃晚饭、弹琴、赏月，非常有意思。

第三个信息是什么？大家知道我们做园林，营造各种各样的景观，不管怎么样设计，空间范围毕竟是有局限的，不可能无限增加内部的景物。但是所有的造园者都有一个愿望，即希望在有限的空间里面能够营造出更加广阔的视觉效果和无限的想象空间。所谓意境就是有想象的余地，这个很难做到。要实现这种效果有一个很重要的方法，就是从外面找到一些东西来借景。借景就是把园林以外不属于他家的某些具有景观价值的东西，比如一座宝塔，或者一个寺庙，或者一个很高的天然山峰，纳入园林欣赏的视觉范围里面来，这样的话可以达到事半功倍的效果，进一步强化园林空间的层次感，美化景观。

从借景的角度来看，半亩园的位置并不好，在皇城根儿，本来是没有什么景好借的。造园者后来发现从屋顶平台往西看，有三个地方值得关注，一个是北海的白塔，一个是景山最高处的亭子，还有一个是紫禁城的神武门。因此，他们家这个花园虽然很封闭，但是可以借景，园内挂的对联"万井楼台如绣画，五云宫阙见蓬莱"表达的正是这个意思，形容这三处远远看过去像蓬莱仙山一样。

半亩园中的书房、楼亭水榭

图 10-12 画的是半亩园里面的一座书房，南面完全被假山挡住了，假山里面有一个洞，和书房的空间相通。麟庆本人强调了，此

图 10-12　退思夜读

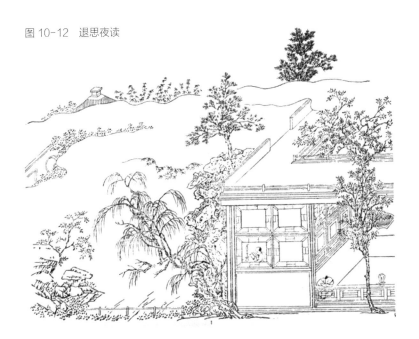

处和陕北的窑洞一样，有冬暖夏凉、保温隔热的效果。这座退思斋挂的对联是半亩园所有对联中最好的一副，大家可以体会一下："随遇而安，好领略半盏新茶，一炉宿火；会心不远，最难忘别来旧雨，经过名山。"可以想见，这是经历了生活沧桑、宦海沉浮，看过全国很多美景之后的心灵感悟，是一种很高的人生境界。

半亩园中还有一个叫"斗室"的小楼，有特定功能，不是登高看景的，而是供奉道教神仙和扶乩的场所。满人信道教的不是太多，这里反映出中国古人的宗教信仰是非常复杂的。半亩园包含各种各样与祭祀和宗教有关的空间。前面说有萨满祭祀的地方，有主管文运的神魁星，有佛堂，还有祭祀五方神（也就是东南西北中五个方位的神）的地方。后来还设立了一个供奉黄大仙"黄鼠狼"的神龛。人们相信某一个神掌管某一个方面的事物，大家可以相处无事，可以供奉在同一个园子里面。

图 10-13　半亩园中的"斗室"

图 10-14　半亩园中的亭子

图 10-15　焕文写像

　　这是半亩园中一座小小的亭子，看上去并不起眼，但是亭子的旁边有高大的树木、竹丛，还有溪流。所以我们可以想象，这个亭子是绍兴兰亭的缩影，再现了《兰亭集序》中"此地有崇山峻岭，茂林修竹，又有清流急湍，映带左右"的场景。麟庆很喜欢在这里与女儿下棋。

　　我们发现半亩园中所有的建筑物都是非常典型的北方建筑的形象，屋檐比较平缓，而不像苏州园林飞檐翘角显得那么灵活，这一点也是南北方园林之间一个很大的区别。在半亩园的北边，还有一个院子，其中专门设了一个独立的小轩，取名"拜石轩"，典故来自北宋著名书画家米芾拜石的故事。还有一个藏书的地方叫"嫏嬛妙境"，"嫏嬛"在古代传说中是天帝藏书的地方，后泛指珍藏书籍之所在。麟庆家收藏书，总数达八万五千册之多，非常惊人，很多书的版本弥足珍贵。

半亩园里的假山

大家知道园林里面有四大要素，即筑山、理水、植物、建筑，对于园林来讲最重要的环节，不是盖房子，不是栽花种草，而是造假山。这是非常难的艺术创作，需要用天然石块组装完成立体的山水画，非高手名匠不能完成。所以古代的造园家常常被称为山子匠。江南地区最主要的假山用石是所谓的太湖石，其特点是四个字：瘦、皱、透、漏。太湖石造型比较纤细，上面有很多洞，据说下面点一炷香，上面所有的孔都冒烟。这种石头北方不产，但皇家园林可以

图 10-16　营造假山常用的四种石材，从左到右分别为太湖石、北湖石、黄石、青石

通过运河从江南某些地方运过来。北宋徽宗时期营造艮岳，搞了一个"花石纲"工程，专门运太湖石，后来康熙、乾隆南巡，也运了一些石头到北京来。北京另有一种北湖石是在土里面埋的，造型也比较圆润，有点像江南的太湖石。但是仔细看，它们之间的区别还是很大的：正宗的太湖石颜色发苍白，而北方的这个北湖石颜色发黄，里面是实心的，多孔，就像蜂窝煤烧过的效果。北湖石不是特别好看，但是比较玲珑，可以作为太湖石的替代品。另外还有两种石料比较常见，一种叫黄石，是成块的黄颜色的石头，另一种是灰蓝色的青石，成片的。这两种石头南北方都产，南方常用黄石叠假山，北方主要用青石。假山有"南秀北雄"这种说法，代表了不同的效果。

半亩园主要是用北湖石和青石来造假山。大家都相信，半亩园的假山就是当年李渔亲自叠出来的，尽管并没有依据。

半亩园融合地域文化差异

大家都可以体会到，南北方无论建筑还是园林都有很明显的地域文化的差异。大体来说，北方的园林除了富丽之外，空间比较宽敞，建筑往往比较端庄，显得比较大气，缺点是有时候好像有一点缺少变化，灵活不足。南方园林非常秀丽曲折，多变灵活，缺点是有时候难免会有一些繁琐和堆砌。这不光源自于南北方不同的地理条件，也和中国南北方审美喜好有关系。这个差别很明显。我本人是江苏人，曾经不止一次请北方的朋友看苏州园林，看完之后问他们觉得好吗？他们开玩笑说不好，太小气了，跟你们南方人一样小心眼儿。我同样也陪江苏的朋友看北京的花园，看完以后问怎么样，朋友笑说傻大粗笨。

仁者见仁，智者见智，审美这个东西真的很难说，我们无法以绝对的标准衡量所有的园林。大家知道中国南北方人就有区别，南方人通常瘦小一些，北方人通常高大一些，但是看面相的认为"南人北相"或"北人南相"都属于贵相，因为气质融合南北之长，会显得更加完美。借用类似的词，半亩园就是一座"北园南相"的园子，集合了南北园林之长，很多地方既端庄大气，又灵巧优雅。

前人对半亩园的评价

很多达官显贵和文人学者都造访过半亩园，并写诗夸赞。有一个满族学者震钧，对半亩园的评价最恰当确切，半亩园为什么好呢？震钧说半亩园"纯以结构曲折、铺陈古雅见长，富丽而有书卷气，故不易得"，这一说法耐人寻味。如果有机会看一看关于北京私家园林的古人论述，会发现他们经常提到"富丽"两个字。因为北京园林的主人往往是皇族、高官，他们造花园不仅是为了欣赏风月，好多时候也是自己社会地位和家庭财富的象征，难免会表现出豪门奢侈的风气。所以北京人认为园林好不好，是否富丽堂皇是很重要的一个标准。但是在江南地区，恰恰相反，他们会认为富丽的东西是恶俗的，土豪才这么干，所以他们会强调清秀雅致的概念，尤其强调园林需要有书卷气。半亩园的主人有非常好的江南园林的见闻和修养，把很多江南园林的手法融合在北方的花园里面，所以能够兼南北之长，才会出现既富丽又有书卷气这种综合的状态。

后麟庆时代的半亩园

　　麟庆实际上在半亩园中住的时间并不长，三年之后，55岁时他就去世了。之后其家族仍然保持兴盛，半亩园传给了他的儿子，并继续对这个园林进行改建，盛况一直延续下去。经过扩建之后的整个半亩园的场景，主要的变化有两个，其中一个变化是住宅部分东扩，在东面把邻居家的一大片地买下来了。因为这两个儿子分家，一套住不下；花园部分则基本保持原貌。另外一个最大的变化是原来小小的方池消失了，园林里面挖出了一个更大的很曲折的水池，水池中央原来的那个水榭则变成了十字形平面的新造型。

图 10-17　绛云馆

改建后的水榭、玲珑池馆，变成十字形的平面。图 10-17 是水池旁边另外新建的建筑物绚云馆，这个建筑物在清朝的时候已经装上了玻璃。当时玻璃还是很昂贵的，主要靠进口，但是很多皇家园林和一些高官的花园会用。改建之后的水池，名叫漾碧池，更像江南园林水池的样子了。

我前面提到过，半亩园不光是一座园林，还是一座包罗万象的私人博物馆。今天半亩园绝大部分的藏品我们都已经很难见到，但有两件东西值得特别说一下。一个是用树根雕成的像椅子的坐榻。

图 10-18　流云槎

很幸运，这个宝贝由半亩园后人捐献给故宫博物院，上面多处题刻名叫"流云槎"，暗示坐在上面，感觉好像在云端一样，融入仙境。另外，半亩园有非常多的藏书，《石头记》（甲戌本）值得一说。在座如果有《红楼梦》的爱好者，就知道《红楼梦》早期最珍贵的抄本就是所谓的甲戌本。此书为胡适先生旧藏，他离开北平时所有的藏书都不要了，就带了这一套甲戌本去台湾。甲戌本上有关于半亩园的题记，很可能原来就是这里的藏书，非常珍贵。当时像甲戌本《石头记》这样的书在半亩园里面是很多的。

半亩园中有两处景致和《红楼梦》有关系：一处种了一大片竹子，旁边有一个牌坊，上面有"潇湘小影"四个字；还有一处

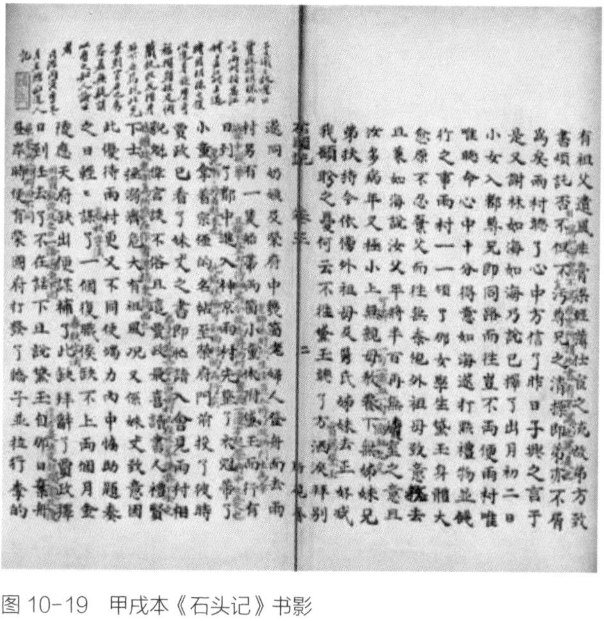

图 10-19　甲戌本《石头记》书影

是海棠吟社，种了海棠。两处分别隐喻大观园中黛玉住的潇湘馆和宝玉住的怡红院。麟庆的母亲是非常狂热的《红楼梦》爱好者，她本人的诗集里面就多次提到《红楼梦》。

在清朝后期，半亩园还保持着一个比较好的状态，麟庆的孙子做到了刑部尚书的职位，他在过五十岁生日的时候，请了很多嘉宾，比如恭亲王、李鸿章等。两个人都为半亩园写诗题字，光绪皇帝还亲自写了一个大匾额派人送过来贺寿。

今天我们可以看到的半亩园的大部分照片，是1909年由一个法国人所拍的。这个人不是职业摄影师，而是一个金融家，当时组织了一个专门的摄影队在中国逛了一大圈，拍了中国很多的名胜古迹和风土人情。这些照片现在大部分收藏在巴黎的一家博物馆。

清末民初的半亩园

下面就说到半亩园的尾声了。完颜氏家族和清朝的命运一样，随着清朝覆灭，所有这些满族的皇亲国戚和达官贵人也都走向了没落。以前满人是有世代的俸禄可以领取的，到了民国之后所有的特权都消失了，他们原来的排场又一时减不下来。所以民国时期，麟庆的后人靠变卖花园里面所藏的书籍字画养活全家。日子又过了二十多年，字画卖得差不多了，实在撑不下去了，他的后人先把半亩园旁边的住宅整个卖给一个姓黄的人家。又过了两年，他的后人王椿龄（清朝灭亡后，很多满人改汉姓，不再叫满族的姓氏，完颜氏改姓王）把所有的花园也卖给了黄家，从此完颜家和半亩园再也没有关系，他们都搬到别的地方去了。花园部分的售价当时为一万多块鹰洋，算是很高的价格。

　　这里我们有一个比较，20 世纪 20 年代后期鲁迅先生先后在北京买过两套宅子，一套在八道湾，花了两千两百块大洋；后来鲁迅搬出来在阜成门内宫门口买了一个小宅子，只花了七百块大洋。那么这个半亩园的花园部分就卖了一万多块，无论如何也是豪宅的价格了。

　　还有一点值得一说，这个花园归黄家之后，1945 年前后，居然有人给半亩园拍了一段很短的纪录片。今天网上还可以搜到这个视频，名为 "A noted old garden in Peking"，大概一分钟的时间，其中有麟庆营建的藏书楼"嫏嬛妙境"以及"玲珑池馆"附近的景观。中国古老的园林还能留下这种视频形象的东西，非常罕见，这从侧面也可以说明半亩园当时的社会知名度是很高的。不止一次有洋人包括日本人过来访问，对此园有所描绘。

　　1947 年，半亩园又发生了一个重要的变化，那就是姓黄的这一家也败落了，半亩园又一次转手，这次不是卖给中国人，而是卖给了天主教的教会组织，是比利时派过来的，名字叫作怀仁学会。清初来中国的传教士中有一位非常著名的人物叫南怀仁，和汤若望齐名，学会的名字就是为了纪念他。这个怀仁学会是纯粹的学术机构，他们买下半亩园给七位传教士和汉学家作为生活和研究的场所，所以后来这七个人在这里住了好几年。这些传教士对半亩园产生了极其浓厚的兴趣，他们觉得这是非常值得欧洲人欣赏的中国文化的结晶，是中国古代文明的杰作。这时的半亩园已有点残破了，他们花了不少钱对整个园林和住宅加以大规模地修缮，而且很仔细地画了一张平面图，搜集了和半亩园有关的很多历史文化信息。又过了几年，这些传教士回国以后，用英文写了一篇几万字的长篇论文，登在杂志上，所以半亩园在整个西方汉学界有很高的知名度，因为中间有这么一段渊源关系。

新中国成立后的半亩园

时间再往下走，1949 年全国基本解放了。我们都知道，北京是和平解放的，半亩园没有遭到破坏。1951 年，半亩园直接被政府的安全部门接管，作为办公的场所使用，这时园林整个的情况还是不错的，水池虽然已经干涸，但是所有的山石、树木和建筑物还是原状。水池值得一说，这个水池没有现在的设施，主要靠夯土铺得很密集的一层地砖，但是防渗效果非常好。曾经有老前辈和我说过，他以前办公的地方就是北京的私家花园，水池注水很长时间保持不渗漏，可以当游泳池来用。这种技术值得我们今天借鉴。那个时候北京市规划局专门派人调查这个花园，从留下的档案中可以看到，上面写着"北京市建议保留特殊庭园"。特别强调这个花园非常好，

原住宅　　原花园位置

图 10-20　半亩园现状

应该好好保存下来，建议改成一个疗养所。

　　理想很美好，现实却很残酷，这个愿望最终没有得到落实。1980年，相关部门需要盖新的办公楼，要占据原来半亩园所在的位置。当时有很多专家学者强烈呼吁，不能拆半亩园，但经过反复论证，最后政府部门的结论是可以拆。万幸的是半亩园的住宅部分相对完整地留存下来了，但是保存情况也不很理想，基本上是几十家分住的大杂院。半亩园如今已经被列为北京市的文物保护单位，然而情况依然不好，里面到处是很破烂的场景。但是我们仔细看一下，一些砖雕和石雕细部传达出非常浓厚的信息，可以想见当年鼎盛时该是何等的精致和美好。

尾声

　　半亩园虽然消失了，但关于它有两个非常奇妙的后续话题值得一说。一个是来自台湾的著名的连锁餐饮企业，叫"半亩园"，是去台湾的国民党老兵联手开办的。当时他们办餐馆想起一个名字，但怎么也想不到好名，一个股东当年在北京住过，记得北京有一个很有名的园林叫作半亩园，可以拿来做店名。还有一个就是2013年北京召开世界园林博览会，丰台区修建了一座中国园林博物馆，为了集中展现中国传统园林的精华，复制了中国四个不同区域的私家园林。另外三个由于原型还在，模仿得很像。而半亩园就很遗憾，也不知道原来什么样，所以尽管下了很大的功夫，但是效果不是很理想，至少和我想象的半亩园有很大区别，但聊胜于无，毕竟可以让今天的人有机会体验一下。不管怎么说，也算是在一定程度上帮助我们弥补了一点缺憾。

　　这也再次提醒我们一个基本的常识——文物建筑不可再生。大家知道，所有的老房子，所有的文物古建筑包括园林建筑，一旦毁灭之后重新去建，哪怕原址重建，也不是原物了，只是仿古建筑，所有的东西都是不可复制的，包括里面蕴含的各种各样的丰富的细节，这些历史气息，一旦消失就永远不会再存在了。这是对我们当代人重大的警醒：文物不可替代、不可再生！

　　最后说一点感想。古人不止一次说过，"园圃之兴废，可以占时之兴衰"。我们观察历史，可以很明确地发现，只有在一个经济文化都很发达的地方才喜欢造园林，因为造园需要非常丰厚的物质基础和良好的文化底蕴。无论是北京还是别的地方，园林的兴盛与

图 10-21　半庙园东路住宅大门现状

衰亡都和时代的命运紧密相关。北京古代那么多著名园林往往毁在改朝换代的乱世当中，但也有特例，比如半亩园，恰恰躲过了乱世的炮火，却毁于盛世的推土机，这非常值得我们今天去反思。和自然界强调的"生物多样性"一样，文化遗产的存在也需要非常丰富的多样性来支撑。对于北京市来说，除了故宫、颐和园之外，每一种古建筑都有其存在的价值。透过半亩园，我们能够看到古人优雅从容的生活状态，感受到丰富的文化信息。如果园林还在的话，就会给后人更多的体验机会，而且里面有很多精妙的手法，也可以给今天的现代园林建筑和现代设计提供很好的借鉴。而一旦毁灭之后，所有的一切就不存在了。

所以我总在想这么一件事：我们当然需要发展，需要进步，但是新和旧并非不可调和。无论我们多么希望去迎接美好的未来，都绝不应该以牺牲传统作为代价，我想这应该成为大家的一个共识。一旦失去这些宝贵的文化遗产，我们这个古老的民族就会失去自己的记忆，华夏文明的伟大复兴就有可能成为无源之水、无本之木。通过半亩园这个小小的故事，我也希望更多的人体会到文化遗产的宝贵价值，加入到保护遗产、传播遗产或者体会感悟遗产的队伍中来！

中华文明的印迹：蔚县的村堡、庙宇和民居

◇丁垚

丁垚，天津大学建筑学院副教授，建筑历史与理论研究所副所长。

作为一个建筑学习者，最近十年以来我经常和天津大学的同学们来到蔚县学习，今天我想谈谈我们在蔚县学习的体会。人类所处的环境，都是人类自己改造或建造出来的，在蔚县所见大到方圆数十公里的农田、几公里的县城，到几百米的村庄，再小到一座庙宇、一间民宅，乃至门窗装修等细微处，莫不如是。更重要的是，这些不同尺度的建造仍保有我们先祖曾经无比熟悉的，且至今还深深影响我们每一个人的那种基于发达农业文明的一整套人的社会生活印迹。人是迁徙的动物，无论是作为个体，还是一个家庭和家族，或许一直都在移动，正是因为移动人们才有了"乡愁"，同样，文明的不断演进，也会随之产生难以磨灭的后人想要追忆的事物，这是每个文明共有的现象。

从地理格局上来看，以两大地质构造为基础形成了从关中地区到北京北部的一系列山地和盆地，而蔚县位于其北端。流淌着桑干河水系的一条重要支流，汇集着四周山地的降水，正是这样的地质条件，支撑起了蔚县农业文明发展的重要基础。蔚县和北京都在400毫米等值降水量线附近，据前人研究，这条等值降水量线可以说是游牧—农耕两个文明的分界线或者交界地带，一个明证便是长

城往往与这条线交织重叠。当然，如果"丝绸之路"伴随着"万里长城"一直存在，这条分界线就从来不是封闭的，蔚县就是它的一处开口。

上万年前甚至更早的时期，先民就已经在蔚县繁衍生息。上世纪 80 年代初，著名考古学家苏秉琦先生提出的"三岔口说"，蔚县盆地这个地区最能体现。从日常生活器物，以及作为定居文明重要标志的建筑中，我们能看到来自于中原地区、河套地区以及从东北方向传来的文明印迹。从新石器时代到明清，农业文明在东亚经过漫长的发展，已高度发达。但对于蔚县来说，却是几经波折。汉代的经营衰落以后，它从农耕文明坚硬而明确的前沿转变成了广阔草原柔性模糊的边地，直到唐代，才又随着军屯进程被重新"发现"，此后作为我们熟知的幽云十六州之一，蔚县长期处于游牧民族建立的农牧二元性帝国统治下。明代是另一个转折点，伴随着长城体系的重建，蔚县的城乡空间尤其是风水格局才被再次书写定型，进入

图 11-1　蔚县的风水格局

到我们今天关于它的认识中。

　　提到蔚县的风水，先天的地质水文环境是最重要的因素。蔚县盆地南缘东西排开的巨大的燕山山脉，开口最明显的地方，就是著名的飞狐口，当地人称之为北口。通过卫星图片，能够清晰看到这个断层交叠处发育的巨大冲积扇和现在的蔚县县城的对应关系，后者自唐以后就成为了蔚县盆地的地理和政治中心。飞狐口与县城的连线向北延伸指向一块不太起眼的小高地，它因人工建造的宏伟的玉皇庙被重新标志。天气晴朗时，可以从玉皇庙的位置看到北口，中间穿过蔚县县城，这条轴线与东西横亘的壶流河相交，搭建起了蔚县风水的基本构架。不难看出，是人类在南北二十几公里、东西七八十公里的尺度内，用建筑重新定义了这个区域。

　　可惜玉皇庙在上世纪60年代被拆除，今天只留下遗址供人观瞻。幸运的是，天津大学的卢绳先生在上世纪60年代调查蔚县古

图 11-2　陡涧子村北的玉皇阁遗址航拍（从东北到西南）

图 11-3　卢绳摄陡涧子村北玉皇阁东阁

建筑的时候拍摄下了玉皇阁的身影，这一天正是四月初八这个重要的赶庙会日子，人头攒动。另一张照片拍下了玉皇庙的东阁，蔚县人传说是唐代修建的，因为自五十多年前庙宇就已经不存在了，大家一直好奇唐代的玉皇庙是什么样子，这张珍贵的照片告诉我们它应该是明代建筑，雄伟的楼阁建筑宣示着明王朝对这片土地的支配。

　　今天的蔚县县城是明代蔚州州城的遗存，它的轮廓虽然是明初确定下来的，但从唐代开始，这里就已经成为蔚县盆地的军事、政治、文化中心。它是整个盆地的低洼地带，海拔约一千米，西边不远就

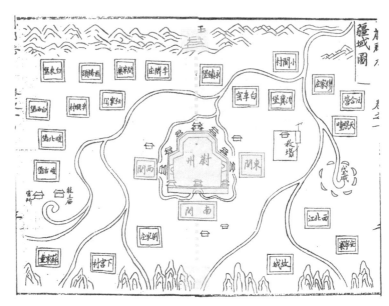

图 11-4　明崇祯《蔚郡志》疆域图中显示的蔚县风水格局

是壶流河水库。因中华帝国的社会体系的特点，蔚县盆地范围内增加了军事和政治功能，州城的中心地位必然会逐步强化。通过卫星图片，城墙和护城河清晰可辨，它的东、西、南面各设一个城门，城门都被瓮城围绕，北边没有城门，但突出一个小城，小城最北端同样建有玉皇阁，楼阁之下是巨川的阻隔。原称镇边楼的玉皇阁同城中的鼓楼以及城南门上的万山楼连成一线，与前面提到的地理尺度的轴线同构。在明代地方志的疆域图上，这种同构被刻意强调，或许在明人心中，万山环拱的蔚州就像是这座城池一样坚不可摧。

　　州城南门上的万山楼是名副其实的。从这里向南远眺，是尖锐山石筑成的一道巨墙，因为抬升得太过急促，时间还来不及将它打磨得光滑，这道巨墙的东端有一处明显的高起，乃至除夏季外积雪不化，这就是小五台山。作为河北省内第一高峰，它是适合夏日游览的清凉胜地，"台山积雪"位列明代文人评选的蔚县八景之一。小五台山在辽以前称为"倒刺山"，是北方人熟知的地标，而小五台山是一个后来的称呼，相对于我们更熟悉的山西五台山而言。辽宋南北对峙时，佛教圣地五台山位于宋境，辽国这边于是也有了一个高山佛教的圣地，那就是于小五台山山谷里面修建的金河寺。金河寺被认为是辽东和燕京地区的佛教中心，亦被认为是当时最重要的三个佛学研究中心之一，在这里诞生了一系列重要的佛学著作，是辽代佛教兴盛的重要标志。像金河寺这样建在山谷中的寺庙，蔚县南山中还有很多，寺庙依傍的河流流出山地，形成了沿着山脚下连续的冲积扇群，冲积扇的边缘又分布着一个个泉眼，灌溉了大片

图 11-5　冬季的小五台山远眺

的农田，拥有这些农田的村落，往往又是寺庙的香火来源。

从州城玉皇阁隔河北望，看到的是与河南万山脚下平衍的冲积平原迥异的台地景观。地质板块的整体抬升使北山显得不那么高峻，实际它是蔚县盆地和以北的阳原盆地之间挤压形成的一道地垄，数万年来山脚下的坡地上堆积了一层厚厚的黄土，经过垦殖以后，裸露的黄土很容易被水流搬运，于是呈现在我们面前的就是被一道道水涧切割的高地。

蔚县的地质水文结构相当稳定，在一千五百年前的《水经注》中，我们可以读到与今天所见相似的描述。该书的作者郦道元应该来过这里，他家乡就在涞水，在蔚县"山的那一边"。《水经注》里对蔚县的描述特别有趣，但也存在一些问题，可能是语序原因导致的错解。今天我们有机会做实地田野考察，能够更清晰地了解郦道元从何获取到写作的信息。

几乎一成不变的蔚县山水在一个自然年中，却给人以迥异的观感，我们近些年在蔚县做研究，各个季节都有机会去：春暖花开的时候，最热的时候，农忙秋收的时候，最冷的时候。蔚县四季美景不胜枚举。春天是花开的时节，现在的政策是退耕还林，海拔高的地方提倡种植果树，不但产生经济效益，还有国家补贴，因此春天时蔚县山坡上，能看到杏花的花海。春天也是积肥的季节，很遗憾今年没能赶在积肥的时候去，没有闻到积肥时期特有的味道，那是一种酝酿生命力的味道。近几年每年夏天我们都会去蔚县进行古建筑测绘实习，那是蔚县最绿的时节，夏天的绿色跟春天是不一样的，是那种水分特别饱满的绿。蔚县秋天的美是无与伦比的，尤其是收割时的农田景观，展示出巨幅的几何图形，体现了大地的艺术，让人非常震撼。村外的空场上，到了秋天就会堆满成熟的作物，村民们轮流使用中间的空地为谷子脱粒，牲畜在旁边吃草。村里各家的小院里，堆满了收获的玉米，从空中俯瞰，就像一块块马蹄金，和灰色的瓦顶形成了鲜明的对照。最冷的时候，大家都在歇着等过年，但又还没到开始办年货的时候，农活儿都做完了，大家都不愿意在户外活动，整个村子、田野非常空旷。大寒前后去的话，气温零下二三十度，遇到北边来冷空气时，就会觉得有一面朝南的墙的好处和重要性。风一来大家都躲在墙根底下，沐浴着冬日的阳光也就不

图 11-6　春天的蔚县

图 11-7　夏天的蔚县

图 11-8   秋天的蔚县

图 11-9   冬天的蔚县

那么冷了，这时就深刻体会到了人类发明——"盖房子"的伟大。

人们聚居、劳作在这样的时空里，经过长期与自然的磨合，建造活动也深深嵌入了周遭环境中。不妨沿着州城西北而来的河谷溯源而上做一个剖面，直到可以通往大同的一处重要的岔道口，名叫五岔峪，海拔一千二三百米。五岔峪口与县城大概有三百米的高差，三百米的高差分布在十公里左右的路段上。沿着这个剖面可以看出人们是聚居在一起的，沿途分布着很多村堡。离州城不远的薄家庄，隔着干枯的河道有南北二堡，"薄家庄"这一名称历史相当古老且重要，乃至进入了正史地理志，现在的居民已经没有姓薄的，因此后来简写成了"卜"，这样的村名变化在蔚县还有很多。根据当地文史研究者的考证，深刻影响了明英宗个人命运乃至大明帝国国运的太监王振，很可能是从薄家庄北堡里走出来的。目光移开薄家庄向西北，水涧的北岸，有东西并列的三个小堡，统称水涧子。不论是村堡间还是村堡内的空间关系，都很有代表性，因此我们每次来蔚县都要到水涧子。再往北的单堠堡是个大堡，得名于附近的烽堠，很可能是明代嘉靖年间响应朝廷号召，由几座小村堡合并而来的。因为它所处的土地贫瘠一些，人均占有的耕地面积是南边堡子的两到三倍，因此被南边的人们称为"北大荒"。不难看出，在蔚县十公里的范围内，已经有了文化定义的区隔。再往西北，大冲沟东侧的钟楼村，也很可能是一座合并而成的大堡，得名于村中十字街心建造的钟楼，在这个级别的聚落中是比较罕见的。说回到最高处的五岔村，因为地处交通要冲地带，形成了一种新的模式，村南距离稍远，有一座孤立的城门式庙宇，它位于高地的豁口上，称为南天门，逆光看去十分显眼，其功能与其他村子祈求繁衍后代的庙比较接近。显然随着海拔高度的抬升，村堡显示出了结构性的变化。

图 11-10 薄家庄北堡堡门

图 11-11 水涧子三堡

图 11-12　单堠堡

图 11-13　钟楼村堡

图 11-14   五岔村堡南天门远眺

　　如果仅仅审视遍布蔚县的大小村堡，你很难想象明代时相似的围墙中的居民其实可能有截然不同的身份和命运。蔚县位于长城沿线，在长城的防御体系之中，但又处于较为靠内的位置，就像一个村堡中距离堡门最远的一家。天津大学的张玉坤老师和他的团队一直在做长城防御体系的研究。长城，不仅是建筑物和城墙，是城市防御体系，更是异常复杂的从中央到地方与军区管理体系的一部分。在这个体系之中，涉及一个特别明显又实际的问题——地方和部队的关系，地方和部队如何和睦相处？在帝国体系中，要做到军民和睦相处是困难的，在蔚县这个地方，这种冲突是大家用墙把自己的区域围起来的原因之一。被军堡普遍占据的蔚县东部，原先叫定安县，在明初见证了物是人非的大迁徙。旧居民有的越过居庸关前往北平，有的甚至背井离乡远涉凤翔，新居民随军屯戍，每人得到五十亩土地和耕牛、种子，开始了新的生活。他们隶属军籍，除了少数拿起武器，更多的扛着锄头，子子孙孙，世代如此。这种军户制度由来已久，早在三国时期魏国就曾实施过类似的"士家"制度，蔚县历史上一位名人赵至就出身士家，这意味着他想要出人头地就必须更换自己的身份，当官后为了不被揭穿，断绝了与家人的一切关系，甚至未能为母亲送终，这个悲戚的故事在《晋书·赵至传》里有记载。军户所建立的村堡，即军堡，大多是因军令强制督建。西部的灵仙县虽然省去了建制，居民却多多少少避免了远徙他乡的命运，身为编户齐民的他们比起军户幸运得多，他们建立的村堡即民堡，大多是乡绅富户自筹自建。我们在这里看到制度的力量相当强大，它是宏观的，被人创造出来又反过来约束人类自己。

军堡和民堡既相似也不同，比如常常出现在宣传册上的西大坪军堡，原名西大神，位于蔚县一处天然的高台的西侧边缘，俯瞰壶流河向北折去，军堡平面呈现为非常清晰的几何形状，堡墙的厚度与堡子的容积不成比例，与百姓生活居住用的堡子有明显差别。高台的东北边缘，也有一处军堡，称为任家庄堡，瞭望效果一流，西大神和任家庄很可能是更早的名称，所以才力压在他处更普遍的屯、营等名称使用至今，这也是当地社会在明初虽经动荡却没有遭到毁灭性破坏的证据。如果从任家庄军堡往下俯瞰，可以看到曲折纤细的定安河北岸坐落着一处小堡，建立在自辽代的沿用至明初的定安县城废址上，村名仍叫定安县，与前面两个堡子相比，它并不占有军事上的重要性，因此形式上也就更接近普通的民堡。

图 11-15　西大坪军堡俯瞰

图 11-16　任家庄军堡俯瞰

图 11-17　定安县村俯瞰（从北向南）

　　虽然不能否认早先村落有建设围墙的传统，但就目前遗存的情况来看，明代对蔚县的村堡建设影响至深。中国古代的城市多形成于明以后的建城运动，这也是清华大学王贵祥老师的重要研究课题。由于元代的城墙被拆除了，明代开始重新恢复起来，变成了全国性的运动。蔚县是一个特例也是典型，城墙不仅作用于州城县城一级（县以下的行政区划不能称之为城市），而且作用于村，蔚县几百个村子均有城墙。这几年我们调查走访过一百多个蔚县村落，蔚县平川区的村落现存总数约四百个，这个数量与明清两朝的记载近似，历史上或许会更多一些。人是运动的，从这个堡子迁徙到另一个，有的堡子会被废弃，新的堡子会诞生，村堡的数量也在不断变化。

明代造村堡的运动中有一件很有代表意义的事情，就是隶属蔚州卫军户但通过科举入仕的尹耕撰写了一部《乡约》。这本书的内容是关于怎样建设"新农村"的，具体来说是指导如何建造村子围墙的，蔚县乃至宣府、大同两大军区城墙建设中的经验和教训，被鲜活地记入这本书。乡者，村也；约者，约乡人为守御事也，即指导大家依照同一种且从技术角度看行之有效的方式来规划、施工。尹耕对明代中期筑城技术的反思与归纳，产生了超出蔚县的影响。比如位于蔚县城北不远的东陈家涧堡被蒙古部落攻破的一个原因是选址在阶地的低层，进攻方可以轻易占据制高点发起进攻。以此为鉴，堡子选址就要选择高地，至少要避免处于高地的控制下。东陈家涧西面不远有一处村堡，称西陈家涧，但事实上二者不单单是西、东的方位关系，而且是新、旧的时代关系，如其堡门所镶嵌的石匾所镌刻的，西堡作为"陈家涧新堡"，建设于旧堡被攻破的数十年后，其选址便吸取了教训，三面临沟，利用台地与冲沟的高差使堡子高起数米，堡墙非常雄伟。选址的失误并不仅仅存在于民堡当中，宣府军区的不少军事要塞也面临着同样的问题。例如宣化东北部山谷中的马营堡，但凡险要之处必须设守，只得大大扩建城墙，将城外的高地囊括在内。选址只是《乡约》的十二条之一，尹耕的书中还有图例，说明如何建造敌台这一重要的防御性建筑。该书面世十余年后，有的官员在奏议中提到，很多军民堡甚至没有建设敌台，他引用了《乡约》中关于敌台之重要性的段落，并主持在短时间内增筑了数万座敌台。

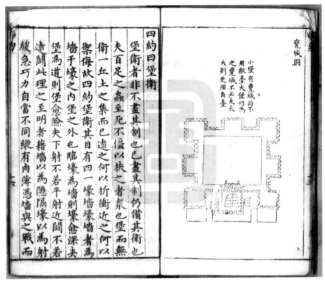

图 11-18　隆庆本《乡约》书影

　　敌台之外，堡门也是极为重要的设施，可以说堡门是堡子最明显的标志，也是最薄弱、最容易被攻击的位置。蔚县村堡遗留下的堡门非常多，已知的有一百座左右，有的堡门木门板上，还包裹着完整的铁皮，并用铁钉钉帽排成"天下太平"的字样。堡门的防火也是尹耕在其《乡约》中提到过的。其实《乡约》并不是尹耕的个人创作，而是大量古老知识在一时一地面对实际情形时重新转化为经验，当时作者应该可以读到《武经总要》，这本书总结了宋代之前的战争技术，事无巨细，无所不包，其中也涉及如何加固城门、如何对门板进行防火处理、如何灭火等内容。

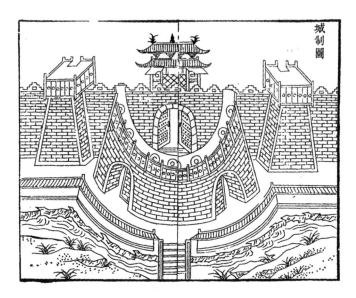

图 11-19　《武经总要》城制插图

　　围绕堡门这一在村堡建设工程中耗资最多的建筑，其实可以对"文"和"物"的关系做一番探讨。大多数民堡上面留有堡子的名字，其中一些从明代保存至今，一些经过后代补刻，信息被保留了下来。这些信息十分宝贵，它们所记录的历史正如大多数金石碑刻一样，保存在历史的现场，这是汉语根深蒂固的传统。印刷术的普及使得文字可以轻易摆脱产生它的时空语境，《乡约》在出版后，也被收入各类军事类图书，其中比较重要的要数茅元仪所著的军事百科《武备志》，而对于后者的读者，《乡约》原本所针对的一时一地的实际情况，就无足轻重了。因此，蔚县大量村堡和堡门牌匾保存至今，使得我们有机会让《乡约》这一文本回到产生它的语境中，同时照见村堡自身已经隐藏在历史角落中的细节。不仅仅是《乡约》，中国建筑史最重要的文献《营造法式》的读者同样不会从蔚县空手而归，比如有的堡门保留着非常古老的建造方式，像逢驾岭南门那样的木柱木梁承重结构，《营造法式》记之为"排插柱"，这种方式在元以后的北京就消失了，取而代之的是石砌或砖砌的拱券。而在一些古老的城市，如泰安太庙的城门，还可以看到木柱木梁，唐长安和北宋东京的宫殿大门，也是这种样式，蔚县的例子无疑提供了一种活着的建筑语言。

图 11-20　逢驾岭堡堡门的"排插柱"结构

　　与《乡约》蓝本式的理想模型不同的是，实际中村堡的建设往往更加复杂，尤其是动员力量相较军队弱小的普通百姓，很难与层累的历史惯性相抗衡，于是才有官员认为百姓短视和愚昧，并主动作为去干涉这个进程。之前提到的村堡的扩张与合并，究其原因，一方面是人口的增长压力带来的权宜之计，另一方面在封建王朝体制之下，因不断变化的政策，导致基层百姓的生活也在不断变迁。前一种的例证如石家庄堡。它的中轴线清晰，但并不居中，仔细观察可以知道，不对称源于后期的扩建。扩建使得东面堡墙外围增加了一个新的街区，甚至进深方向也增加了几米，这种不对称虽然不影响村堡的实用性，但至少证明中轴对称的完美模型在实际需求下的脆弱。正如之前提到的，钟楼村可能是在合并了相邻两座村堡的基础上建成的，它的平面和北京城也比较像，最初或许只在南侧长方形区域，后来北侧新建了一个村堡，然后在朝廷的号令下合二为一。合并而来的村堡往往难以遵从任何一种固定模式，而原先的完整村堡常常会留下一些可以辨识的痕迹。即便是北京城，在新的建设中也无法忽视旧的基础。北京城西北方向的缺角，就是明初徐达缩建元大都时，为了避开水体而削去的，当然当时谁都无法预料到日后这座城市会成为明帝国的都城。而施工过程中的实际情况，也会对最终的结果造成影响，我们今天看到的"凸"字形城池，是明代嘉靖时期为了保护南面崇文和宣武的百姓，以及天坛等庙宇修建的，后因各种原因导致仓促收尾。蔚县有很多并不只是一次建成的村堡，因此会呈现出多种模式的组合。

　　一个《乡约》中不曾谈及，但却对村堡的空间格局有重大影响的因素是庙宇建筑。蔚县的庙数量众多，在"文革"时期，庙宇被大量毁坏，假设蔚县有五百个村堡，每个村子有五到十座庙宇，那么庙宇的总数可以以数千计。遗憾的是，蔚县保存至今的庙宇里没有发现一座塑像，可谓千不存一。这也从侧面体现了当年破坏的彻底性。庙曾是传统文化生活的必需品，一个人从出生到死亡都离不开与庙的密切联系。根据目前的调查和初步定义（虽然并不全面，因为历史在不断演进，信仰、生产和生活方式也在不断变化），我们给村堡里的庙做了分类。按照职能，庙大致可以分为与生产相关的、祈求平安的、祈求繁衍后代的、祭祀祖宗的这几大类。一个村堡最基本的庙宇配置，大概有真武庙、三官庙、文昌庙、关帝庙、奶奶庙、观音殿、龙王庙、五道庙等。其中以五道庙最多，它在当地的葬俗中扮演着重要的角色，因为任何生物都要经历诞生、逝去这个过程。五道庙的大量留存证明了生活需要对历史遗迹的重大影响。而生活方式的改变使得一些庙宇不再重要，例如以往每逢六月十九举行求雨仪式的龙王庙已经被天气预报彻底取代，失去了它最重要的功能，因此重建也就没那么迫切了，如今发现的数量不多。龙王庙的外观非常漂亮，在庙里或者旁边通常有形态优美的松树，因为松树虬曲的枝干与龙的形态非常相似。即使庙宇这个建筑本身消失了，我们还是可以根据松树聚集这个特征判断这里曾经或许是龙王庙的所在。有时庙宇虽然不存，但场地还在发挥作用，水涧子村北的龙王庙的松树下，时常还能看到正在燃烧的香或者已经燃尽的痕迹，至今村里八九十岁的老人，还有年轻一些的四五十岁的中年人，还保持着每天早上去到村里所有庙上香的传统，但这种情况并不普遍。再比如过去蝗灾对于农业生产是一个重大威胁，许多壁画都记载有关于蝗虫的事件。现在，农药的使用使得蝗虫基本被消灭，祈求没有蝗虫灾害的愿望也就变得不迫切了。计划生育政策显然也对用来祈求生子的奶奶庙的地位下降有影响。另外，节庆习俗

的逐渐丧失也导致了一些庙宇的消失，比如今天仍留有些许印迹的
灯山楼。拜灯山的习俗，唐宋两代的许多文献都有记载，具体形式
各地有所不同，逢正月十五前后，蔚县村民们就会搭建灯山，将蜡
烛摆放在若干层的木架上，华丽隆重，蔚县约有三处这样的遗址留
存至今。除了各式庙宇，乐楼是村堡最重要的娱乐场所，蔚县的乐
楼现存数量应该在二百座以上，很多到上世纪 90 年代还在使用。
通常来说村堡里面最华丽的古建筑就是乐楼，它们大多是乾隆以后，
有些甚至是更晚的民国时期建造的。有的乐楼内部的隔断装修还保
存着，有戏剧表演的时候，表演者从里面走出登场，隔断里面是小
后台。有的乐楼建在道路中央，下面留有通道，日常不影响通行，
搭上板子后就可以唱戏，当地人称为"穿心戏台"。

图 11-21　宋家庄的穿心戏台

图 11-22　水涧子村北的龙王庙遗址

图 11-23　定安县村村口的灯山楼

　　形形色色的庙在村堡中的位置、大小、形式是很重要的，因为庙被认为是神的居所。神的居所往往有镇卫的作用，最基本的模式就是一条道路的两端各有一座庙宇。比如从堡门到对面堡墙上的敌台这条路，堡门上大多建有门楼，朝内朝外各供奉一尊神，之间用墙隔开，朝外的一般是文昌帝君，有时也称为梓潼神，朝内的一般是观音。进入堡门正对的敌台，要比其他位置的大一些，台上建真武庙或玉皇阁，真武庙的流行较晚，但遗存更多。因为大多数村堡是开南门的，因此南门楼称为南庙，北面敌台上的庙称为北庙。南北庙还是村堡的制高点，与堡墙一起组成蔚县乡村最典型的天际线。明代以后蔚县堡子里面最隆重的庙，有的是南庙，有的是北庙，或南北都有，都会仿紫禁城午门的样式，中间一个高楼，两侧有两个小楼，用来放置钟鼓，有的还是石鼓。目前石鼓留存下来的不多，北京也有一些石鼓被保存下来。不难发现，这些庙宇的构成与明代北京皇城的空间布局非常接近，虽然规模没有那么宏大，但是形式确实很接近。

图 11-24
石家庄南庙

图 11-25
大德庄村高台上的真武庙

堡门因为是出入村堡的枢纽，也是防御体系中的最大弱点，因此围绕堡门除了上述的门楼以外，也会集中大小多个庙宇以及乐楼。堡门正对的庙宇也常常区分内外，朝内的大多是观音庙或者关帝庙，朝外的可以是龙王庙或者佛殿等。堡门外沿着堡墙也常常建庙，但不如上述庙宇重要，大多是连续几座一开间的小庙，有奶奶庙、财神庙、马神庙等。因为朝向的关系，一些开东西门的村堡，堡门外的庙宇有机会建成自成一体的建筑群，它们中关帝庙、泰山庙、佛寺比较普遍。例如单堠堡东门外的关帝庙，庙前还竖立着石旗杆，非常隆重，据说是从山西崞县（今山西原平市崞阳镇）定制的。

图 11-26　单堠堡东门外的关帝庙

　　还有一类庙宇建在路边，最普遍的当属五道庙了。五道庙常常建在进村路边距离堡门还有一段距离的地方，也有的建在堡内十字街心旁，略微遮挡去路。五道庙的规模很小，仅仅一间而已，有的坐落在石砌的台上，并不设阶梯，于是有很多村民坐在台上聊天。五道庙虽小，但却几乎不与其他庙共用一座建筑，也不与其他庙宇相连。

图 11-27　南马庄五道庙

　　以上介绍的基本上是村庙，蔚县还有一些不专属于某村的庙，而是若干个村子将信仰对象供奉在庙里，这样的庙其前身往往有一定的官方背景，或是达官贵人捐资兴建的，或是某处名寺的下院，日后切断了原先的关系，转而服务于周边村落，也由周边村落经营维持。例如重泰寺、玉皇阁、崇庆寺等，规模一般比较大，独立于村外，在整个蔚县平川区分布比较均匀。这些村际庙宇有一个重要的功能就是举办庙会，庙会对于改善村民的物质生活和精神生活都有极大的帮助。

图 11-28 自据一处高地的重泰寺建筑群

从建筑史研究的角度看，这些庙宇因为年代较早、级别较高，也有非常重要的价值。蔚县明代的建筑可以分若干时期，从洪武、永乐、正统、正德、嘉靖、万历一直到明末，大致可以分为五六期，不同时期的差异也是很明显的。这在其他地方也是比较罕见的。在最初学习建筑史时，无法想象居然还有这样的地方存在，这对我来说是很大的震撼。现在看北京城，明代遗留下的建筑也有一些，但是相对于北京城的规模，密度并不大，数量也不多。到了蔚县，你就会强烈地感受到蔚县还处于明朝时期，仿佛置身于历史穿越剧的拍摄地。

庙宇除了是村堡聚落的一部分，自身也是一个小世界，人们走进庙宇，能够获得超越世俗的体验，这得益于其空间艺术的营造。

虽然蔚县庙宇里的雕塑被破坏殆尽，但壁画被保留下来的很多，不同题材的壁画都有一定的画法，除了正面墙壁一般绘制主神的肖像，东西两壁壁画的表达形式比较丰富。比如佛殿、关帝庙、真武庙常常以连环画的形式绘出主人公的生平故事。三官庙、龙王庙等常常会绘制巡行图。地藏庙、阎王庙等常常绘制地狱的惨状。明代初期建成的峰山寺，内部的壁画主人公是释迦王子的时期。十多年前初见这幅壁画，就觉得释迦王子是按照朱元璋画像画的，朱元璋的画像大家肯定不陌生，这就让人有种同一张面孔出现在各种各样的场景和故事里的感觉。雍正也有一系列那样的画，扮相各不相同，面孔却是一样的。

图 11-29　李堡子关帝庙壁画中的"挂印封金"故事画

图 11-30　峰山寺佛本生故事画

　　其实对于理解蔚县的村堡、庙宇和民居，前面提过的蔚县人明代宦官王振是一条重要的线索。正统十四年（1449），王振带着皇帝和大军出北京，亲征瓦剌，结果发生了土木堡之变，英宗皇帝被俘，由其弟弟代宗临危即位，几年后英宗回来，王振已经过世了，并且被当作罪魁祸首。后来英宗复辟重新做了皇帝，就给王振生前所建的寺里立了一个碑，这寺就是今天北京东城的智化寺，一座保存非

图 11-31 智化寺碑

常完整的明代建筑。上世纪 20 年代末 30 年代初，刘敦桢先生在做古建筑的调查，发现智化寺其实是皇上专门给他的偶像建的家庙。今天我们有幸能看到一幅白描的刻于石碑上的王振画像。

不仅仅是京城的智化寺，王振家乡蔚州的两座重要佛寺，城中的灵岩寺和小五台的金河寺，也是在正统年间奉敕重建的，当然也都与王振有关。灵岩寺有座蔚县县城里面最大的古建筑，也是河北省现存最大的单层庑殿古建筑，前几年我们在此做过测绘调查。虽然内部陈设已经不存了，但是依然可以看到它异常精美的外观，是典型的官式建筑加入了一些地方元素。我们现在认为王振是从薄家庄这个村子出来的，除了口口相传的故事，还因为村里有一处高规格三开间庑殿顶的寺庙，称作玉泉寺。有一处规模很大的明代民宅，保存得很完整，甚至明代的门窗装修竟然还在，门上有三个非常大的带有雕刻的门簪。三门簪是高级别的建筑使用的，但实际上在蔚县的普通民居中非常流行。这样古老的门蔚县至少还留存有三套，其中有一套，房子已经被拆除，房门被当成了院门暴露在了外面。另一个特征是它的屋檐伸出很远，甚至是过于遮挡阳光了，因此有的房主将老宅屋檐椽子锯掉一段。较讲究的蔚县民居在很长时间内都是按照主流制式建造的，出了山海关进入辽宁境内还可以看到很多这样的房子，而且非常高级、坚固。这个房子里面有一些特殊设施，包括门锁都有机关，是不用钥匙的，没有用过的人通常不知道怎么打开。屋内甚至还有密室，被家具遮挡住非常隐蔽。这些建筑样式，让我们可以判断它是明前期建造的，蔚县至少还有十多处明代民居。这些民居多多少少被改建过，可以看出一些装修上的变迁，与清代新建的民居趋同，但大进深、长出檐、平缓的悬山屋顶还是明确展示了它们的时代特征。

图 11-32　薄家庄北堡的明代民居

　　建筑是蔚县这片土地上留下的数量庞大又最为完整的文明遗迹的一方面，建筑的传统也属于蔚县社会人文传统的一部分，与音乐、饮食、宗教等相似，是文明大荟萃的成果。蔚县的社会生活，向我们展示了其与北方隔绝又相通的关系，文明交汇的影响是悠远且深刻的。因此现今我们要研究一座村堡也好，一座庙宇也罢，是绝不可以孤立对待的。

藏区乡土建造的逻辑

◇范霄鹏

范霄鹏，北京建筑大学城市规划学院教授、博士生导师，中国勘察设计协会传统建筑分会副会长，《古建园林技术》杂志副主编。

我从 1991 年开始跑西藏开展乡土建造的调查以来，至今已经有将近二十七年的时间。在这段时间内主要做的事情有两件，一件是在高校里的专业教学，另一件就是带着研究生们"上山下乡"地开展乡土聚落与民居的调查，在全国各地都跑，其中去西藏等藏区有多次。既有凌晨翻山的艰辛，也有入户走访的收获，去过看过的乡土建造越多，越能体会到藏文化的丰厚，就愈加不敢仓促下定论。

乡土建造原本就是从所在地区的土壤中长出来的，其所呈现出的形态必然与环境条件密切对应，它以生活和建造的适宜为前提，不会为某个特定的形制和风格而刻意去建造，所以很难界定某种独特的类型为某一地区所独有。虽然一个地区的乡土建造在形态上多种多样，且几乎没有一个完全独占的建造类型，但一个地区在乡土建造上还是具有通行的建造逻辑或建造规则的，表现出来的就是地区的建造共识，构成了乡土聚落和民居建筑背后的支撑因素。藏区具有独特的民族文化和地域环境、气候条件等，乡土建造将物质层面和精神层面的众多特质糅合在一起，使得藏区的乡土建造呈现出空间上的特点，更呈现出建造逻辑上的特点。

乡土建造的层次

　　乡土建造的基本要求是在当地环境中"站得住脚"。各地区乡土建造立足于当地的自然环境和人文环境，直接反映出所处地区的人地关系和人群关系（社会组织结构），从而使其自身也就成为了自然地理与人文地理的重要组成部分。

　　地区乡土建造包括三个层面：自然生境层面反映的是人地关系，即自然环境类型、资源状况与人们生存生产、聚落营造之间的关系；人文生境层面反映的是人群关系，即聚落中个体与群体的关系，血缘、业缘与精神生活等方面的关系；立足意识层面是在庇护空间的建造上凝练出营造共识，即乡土聚落、民居建筑与生存环境之间的结合，经过长期的适应与对应演变，在建造上逐渐成为民族和地区的环境立足意识，体现为地区的营造共识和构成规则。

图 12-1　西藏地区多样化的地理类型

广阔的藏区在自然环境上呈现出多样化的地理类型，有山地、高山草甸、林区、河谷地区、湿润地区和干旱地区，等等。基于地理构造和大气环流的共同作用，藏区有着高山寒带、亚高山寒温带、山地温带、山地暖温带、山地亚热带和山地热带等气候环境。多样化的地理和气候条件，造就了自然生境的区域性差异，如西藏地区的西部干旱少雨；北部为严寒荒漠且动植物稀少；东南部气候条件优越，植物生长茂盛，波密的林木蓄积量极高，林芝的巨柏林树高达五十多米。

同时，藏区有着非常丰富的人文环境，不仅有着语言上的地理分区环境，还有着独特的文字、文化、藏医、藏药以及生活方式等。而在人文环境诸多构成因素中，最为独特的是在精神信仰上，即藏传佛教构成了人们精神理想的目标，深入到精神生活以及物质生活的方方面面。作为全民信教的藏区，不仅有着圣山神湖和寺庙作为修持的人们转山、礼佛、朝圣的场所，在乡土聚落和民居建筑上也有宗教设施的建造，构成了人们日常生活中修持、念经的场所。

图 12-2　虔诚的藏区群众

　　一个地区往往因其所处的独特的自然环境和人文环境，而生成一种在物质空间上的营造共识，营造共识由地区性乡土聚落和民居建筑的建造经验逐渐积累而来，对应着地区自然生境和人文生境在人们聚居方面的理想栖居图景。

地区营造共识

　　营造共识主要包括建造目标、建造规则和建造方法三方面的内容。

　　一、建造目标：就是源自民族文化、带有当地人文生境特征的栖居理想图景。就藏区而言，宗教信仰是其构成要素，乡土建造的目标就是实现当时环境中最理想的生存方式，包括如何修持，它能反映出人群有宗教信仰和有什么样的宗教信仰，由此而导致在物质空间建造上的目标特征。

　　二、建造规则：具体的实体形态与所处地区的自然生境之间有着密切的对应适配关系，如当地的地质状况、气候条件和环境空间容量等。乡土建造的规则要求充分利用地形环境，无论是单个家庭建造民居建筑还是群体聚居建造的村落，出于经济角度的考虑，通常不会大规模改造自然地形，而是将建造规则确定为如何适配所处的地形条件。

　　三、建造方法：从当地自然环境中获取营造资源并发展出相适宜的技术手段，是各个地区乡土建造中最为基本的方法，因此自然环境中的资源特征就成为建造方法的基本构成要素。就物质空间建造而言，所有的建造方法和建造技术都针对各个地区可获取的材料，如木材或土石等，而后自然就针对材料形成相应的某种建造方法，选择了建造方法自然就会留下建造的痕迹。从地区中获取的建造材料随着乡土建造而代代流传下来，在建造方法和技术上凝结成具有营造共识的建造规则，并将建造技术和材料特征转化成了地域特色。当然，随着时代的发展，建造材料发生改变是必然的，建造技艺也必然会随之发生相应的变化。

现在各地的传统村落和民居建筑，大多是明清时期建造并存留下来的，因此可以看见很多用青砖砌墙、用瓦覆顶的民居建筑。除了这两样材料是人工制造的以外，其他的建造材料则多是可以从自然环境中直接获取的。比较藏区与其他地区的民居建筑可以发现，它们之间有着明显的差别，这不仅表现在藏区的传统民居全部为自然材料所建，没有人工烧制的砖与瓦。而且由于西藏自治区地理跨度大，使得其既有高原寒带，也有亚寒带、温带，甚至亚热带，气候差别非常大，导致环境资源有着很大的差异，从而使得各个地区从自然环境中获取的建造材料有较大的差异，进而在建造材料和技术上就有了很大的差别。

因各地的自然建筑材料形成相对应的材料加工方式、适宜的建造技术和加工工具，既是乡土建造的基本样式，也是造就乡土建筑地区性形态特征的组成要素。而民族的信仰体现在乡土建造上则多为一种附丽性的装置，它可以不承担具体生活性的功能，构成了乡土建造在民族性方面的特征。在一个资源禀赋相似的地区，区别于周边其他地点的乡土建造通常与聚居人群的精神信仰有着密切的关系，在藏区乡土聚落和民居建筑中，这方面的建造显得尤为突出。

藏区民居建筑实例

由于传统民居是乡土建造的基本原型，下面以几个藏区民居建筑的实例来谈谈乡土建造的单体逻辑。

案例一：藏东南林芝地区东久沟中的白木村，位于村口处的一处民居建筑，也是我们持续十五年调查对比的对象。东久沟周边林木资源丰沛，白木村里的人们以木材为生存资源、以木材为建造材料。村口的这处民居即是以木材加工建构的板屋，以木柱架立起支撑结构，以刀劈木板井架起围护结构，以木板树皮覆盖起房屋顶面。房屋的下层是牛棚和杂物间，上层为居住生活的空间，二层与斜坡屋顶之间是通透的储物空间。藏东南周边林区以及其他很多地方的民居都有这样的建构方式。

这样的乡土民居建筑具有很浓的地方性特征，但也存在很多问题，如室内空间的采光非常差；屋顶尽管有平坡两层的做法，仍存在漏雨现象；建筑空间密封性差，冬季屋内采暖靠火塘。对比十五年前和如今的照片，这处居民建筑发生的变化仅仅在院门上，院门

图 12-3 位于林芝地区东久沟白木村口的一处民居建筑，右图为该建筑十五年前的景象

图 12-4　丹巴县甲居藏寨民居建筑

更新了，其他的部分仍然是十五年前的样貌；十五年前院门旁还有孩童出入玩耍，十五年后就只剩下一位老人坐在二层窗边晒太阳。白木村从建造上看，整个村落也只有包括这栋民居在内的少数几户民居建筑没有改造，其他的大多数民居建筑已经经过了改造而不再是传统板屋了。

　　案例二：川西甘孜藏族自治州丹巴县的民居，其独特的建造方式和建筑形态与自然环境资源和社会状况紧密关联。甲居藏寨的民居建筑与嘉绒藏族从事农业耕作的生产方式密切相关，山地环境下平坝规模较小且沿山坡分布，使得以家庭为单位的民居散建于平坝农田旁。民居建筑以当地的木材与石块为建造材料，搭建起三层、

四层的楼居，建筑平面为方形，顶层平面为"L"形，建筑的下部
空间为圈养牲畜或杂物储藏之用，人则是在二层以上的空间生活，
顶层室外为晾晒场地。民居的入口设在二层处，门头之上装饰有图
腾雕刻，墙体之上绘有辟邪的图案，顶部的煨桑炉和房角出高耸的
白色石头，将宗教信仰转化为建筑装饰性色彩和装置的乡土建造。

　　丹巴县城东偏北几公里处的中路乡，距离甲居藏寨不远，因与
地理区位和历史沿革有关而建有许多高耸的碉楼。该地区在历史上
曾为东女国所辖，大小金川之间的冲突导致曾有数次战役在这里展
开，加之清乾隆年间平定大小金川的叛乱战役，社会环境的动荡对
碉楼和民居的建造逻辑产生了影响。石砌的碉楼是为适应社会环境
而建造的防御设施，有独立建设的碉楼，有民居建筑顶上建设的碉

图 12-5　丹巴县中路乡碉楼

楼，为村民用于自保和避难的乡土建造，下部民居建筑则用于居住生活，以楼梯连接上下层空间；民居上部的碉楼内部高耸空间以独木梯分层连接，便于隔绝外部和实施防御。中路的民居与甲居的民居虽在地理空间上相近、自然环境资源相似，在民居建筑的单体形态和建造逻辑上存在的差别，则是社会环境使然。

案例三：以生土或石块作为主要建造材料的平顶民居建筑，在藏区的很多地方都可以见到，这是对应于严寒和寒冷气候地区干旱少雨环境下的建造方式。由于这类自然环境条件的地区缺乏林木资源，为便于牦牛的运输，普遍采用长度在 2 米左右的木材加工成主体支撑结构，以当地的土石等天然材料加工成围护结构，有石块、石板、土坯砖和夯土等多种建造方式。如青海藏区通天河畔的麦松村民居建筑，用石块干摆后填充泥土砌筑出围护墙体，对应于当地的气候环境，民居建筑的墙体厚实且南向开窗，则是这类地区民居建筑的建造逻辑。

在这类地区的民居建造有以土坯砖砌筑墙体的，也有以生土夯筑墙体的，通常这样的生土墙体厚达 40 厘米以上，以利于室内空间的保温，在墙体砌筑过程中留出洞口以便放入木制门窗。同地区和同类的民居建筑也有以土坯砖和石块混合砌筑墙体的，墙体下部用石块砌筑以抗雨水侵蚀，墙体上部用土坯砖砌筑以减轻重量和保温。这类建造在干旱荒漠的藏区较为普遍，有就地取材的简单建造，如藏北羌塘地区夏季放牧临时居住的土坯建筑物和构筑物；有经济条件较好的庄园建造，如山南地区的朗色林庄园和强钦庄园，以 2 米左右的木梁柱建构起支撑结构，以土石混合建设墙体结构，以具有防水作用的阿嘎土建设楼面和平顶屋面。

图 12-6　山南地区的朗色林庄园

案例四：川西藏族自治州的炉霍和道孚一带，以粗壮的木材作为支撑结构和围护结构的材料，由此发展出独特的建构方式，造就了具有很强地区性特征的巨木构民居建筑，并且在翁达、炉霍、道孚、八美四个地区存在较为明显的差异。如翁达的民居建筑普遍为三层体型方整的独栋民居，下部为石材的砌筑构造，上部为粗壮木材的悬挑建造；炉霍的民居建筑因对木材独特的建造方式而呈现出独特的形态，即以 50—60 厘米直径的粗大木材建造支撑结构，以转角处三根巨柱和开间分隔处两根巨柱的方式夹立井干木质墙体，木质墙体在室内刨平，室外部分则保留树干的原形，即向外要圆、向里要平。

图 12-7　甘孜道孚地区民居建筑

　　与炉霍相距不远的道孚地区，在民居建筑的建造上又另有特点：以巨木构建起支撑结构，底层以石墙构成围护结构，二层则是井干木质墙体，石材墙面或砌或填，以片麻岩和石块形成肌理图案，木质墙体红色油饰和木材端部白色油饰为防腐之用。道孚的民居建筑普遍为二层，下层矩形、上层"L"形，在二层平台的角部设独立的卫生间，四角摆放白色石块或建白色翘角，表达其在宗教信仰方面的含义。这几个相邻相接的地区，在自然环境、生活方式、建造技术等几个方面都相近或相似，但在具体建造方式和呈现形态方面则有所区别，加之其在宗教设施设置上的差别，构成了在乡土建造同类建筑形制上的地区差异。

　　案例五：藏东南的墨脱县是一个极为独特的地区，因处在喜马拉雅山南坡，受印度洋暖湿气流的强烈影响，为亚热带湿润气候地区。虽然相邻的林芝鲁朗、波密等几个县均为木材资源丰沛的地区，但墨脱因其气候环境的独特，而在将木材作为乡土建造资源方面有较大的不同，墨脱的门巴族架立起来通透的木板屋建造，区别于鲁朗林区的原木或木板建构的民居建筑，区别于然乌湖畔井干式木材建构的民居建筑，区别于波密林区木材层叠夹石块建构的民居建筑。墨脱地区架立起来的传统板屋，对应于当地湿热的气候环境，坡顶板屋轻薄、通透且有着深凹的前廊空间，也对应于遮蔽强烈的日照以及便于日常生活的劳作。民居建筑旁边的仓房也是以木柱架立起来的建造，并且在架立的短柱顶处上设圆盘，以防止动物和虫进入储粮空间。

图 12-8　墨脱门巴木楼

　　民居建筑作为点状的地区原型，直接地体现出所在地区乡土建造的基本逻辑，仅从上面藏区的几个案例就可以看出，虽然各地区在传统民居的建造上各具形态且各有特征，但在结构类型、空间形制等几个核心内容上，有其稳定的建造逻辑。乡土单体民居建筑的建造逻辑归纳起来大体由四个部分组成，即当地的天然建造材料；相应的建造技术；与选址环境相对应的形态；信仰装置附丽在建筑形态之上。这四部分中，由自然环境和生活方式产生的建造逻辑，投射在传统民居建造上表现为主要的地区差异；由人群宗教信仰等人文环境产生的建造逻辑，投射在传统民居建造上表现为次要的地区差异；而由地方材料生发出的建造技术逻辑，投射在传统民居建造上表现为细微的地区差异。

乡土聚落建造实例

　　由于乡土聚落是点状民居建筑的群体集聚，下面以几个藏区聚落的实例来谈谈乡土建造的群体逻辑。

　　案例一：阿里地区的古格王朝遗址作为藏区重要的乡土聚落，反映出自然环境特征和人文社会环境构成在物质空间建造上的投影。古格王朝遗址建设在扎达土林范围内象泉河畔的一座凸起土山上，建造时将山势融入建造，利用山体地形的险要构成了古堡的防御性聚落形态。山体之上的建筑分上、中、下三层建造，自上而下依次为王宫、寺庙和民居，其顶部建设的议事大院和护法神殿，体现出行政管理和精神信仰的地位状态，整体的聚落形态反映出聚居在此的人群社会组织结构的样貌。在拾级而上的登山路径旁，建有红庙、白庙、度母殿和轮回庙，为聚居人群宗教信仰的修持场所。

图 12-9 古格王朝遗址

山体下部数量最多的建造是数百孔窑洞和数百间房屋，为人们生活
居住和仓储空间的场所。

古格遗址中的窑洞与黄土高原的窑洞不同，因土质情况的差异，
窑洞内空间不大而壁龛空间较多，顶部呈现扁平的拱状，这种建造
形态与当地土质中含砂石较大较多的特性具有紧密的关联。窑洞拱
顶上开凿有一条直通外部的凹槽，为室内炊事烟气的散发通道，这
样的建造方法不仅在古格的窑洞内存在，在其他很多开掘窑洞空间
的地方也都能见到，是出自于窑洞内居家生活的需要。即使是内部

空间简单的窑洞建造，也有多种做法，如有直接开掘的做法，也有窑洞内壁外再砌筑土坯砖的做法，有室内空间抹灰和不抹灰的做法，生活居所空间的建造方式随形就势，充分利用便捷适宜的方法是乡土建造的基本逻辑。

案例二：四川甘孜藏族自治州巴塘县茶洛等几个村寨，由于处在山岭夹峙的措普沟中，土地资源和聚落空间被压缩，导致这里的村落形态呈现出民居散点分布的状态，构成了以家庭为单位的匀质民居，顺应自然地形的结构形态集聚而形成村落，导致聚落的空间形态即是村址处的地貌形态。这种类型的乡土聚落在多个藏区都能见到，如丹巴的甲居藏寨和迪庆的藏族村寨，由于其每户的生产和居住与农田的关联紧密，加之山地环境中土地破碎，匀质民居集聚而形成的藏区乡土聚落，除了在聚落结构上显现出自然环境的形态外，也有因人群信仰而建的建筑物或构筑物，由此构建起村口或村中心的形象。如茶洛村路口的独立白塔、鲁朗扎西岗村口的经幡林

图 12-10　村寨路口的白塔

图 12-11 甲居藏寨

和以山涧溪水推动的转轮经筒等，这些宗教信仰的装置构成了人群聚居的建造标志。

由于藏区全民信教，人群的集聚形成了以寺庙为中心的聚落建造规则，使得聚落结构呈现出寺庙位于用地规模相对宽敞的高处，寺院周边以及下方建设有民居建筑环绕。同类的聚落也有逆序的建造方式，即先有人们定居而建村，后因人群集聚而建庙，反映出供养关系下的聚落建造规则。这种类型的聚落在建造规模上的规则较为明显，即人口多村落大，则寺庙会大；人口少村落小，则寺庙也小。寺庙在功能上承载着人们日常的修持行为，构成了聚落的神圣空间，成为尺度形态的中心和建造的中心。

案例三：四川甘孜藏族自治州色达县喇荣佛学院，能直观地反映出整个聚落在建造方面的逻辑。佛学院修持和居住生活构成的聚落，坐落在海拔 4000 多米的山间盆地之中，盆地周边群山环绕，盆地的中心建有佛学院的大经堂，周边山坡上建有连绵的绛红色小木屋，为众多修行者的简易居所。整个聚落以寺院大经堂为强有力的建构中心，通行的道路围绕中心展开空间结构，居所围绕大经堂和其前部广场形成建造内圈层；山体围绕聚落形成环境外圈层；环绕整个聚落的山体之上，有佛塔等设施和公共空间建设。整个聚落在体量、尺度和色调等方面，也依据强烈向心的建造逻辑，即中心部分为大规模、大体量、金顶实体和开敞广场建造，周边为匀质小体量和红色的简单建造。

图 12-12　色达喇荣佛学院

喇荣沟自然环境的盆地微地形形态，构成了整个聚落建设的形态外势；寺院作为万余名聚居修持者的信仰指向，构成了聚落空间的单中心类型；众多的居所空间随坡就势，构成了聚落的面状基底。即将自然环境的地形转换成聚落建造逻辑的势，将信仰人群的行为方式转换成建造逻辑的型，将日常修持的公共空间转换成建造逻辑的点。

案例四：萨迦镇在聚落形态上对建造逻辑的体现非常明显，为先有寺院的聚落选址建设，后因信众的集聚居住而逐渐生长出聚落的建设方式，即萨迦镇的聚落结构以山体为整个聚落的构成中心，以寺院为聚落结构的组织次中心，逐渐随人群的集聚而建设起整个聚落。萨迦镇以白色山岩为倚靠，建造寺院建筑群和白塔构筑群，并随着家族和信众的聚集、萨迦三院的传播，逐渐由寺院建造扩大到聚居院落和民居的建设，形成以山体为构成中心、寺院为组织中心的聚落建造脉络。这样的建造逻辑在萨迦北寺持续扩建过程中为历代法王所遵守，形成了喇让、护法神殿、塑像殿、藏书室和佛塔群组成的"古绒"建筑群。萨迦镇民居建筑围绕着萨迦南寺与北寺

图12-13　萨迦镇聚落形态

图 12-14　象征金刚手菩萨的深青色墙面

而建，墙体色彩与寺院墙体色彩相同，以白、红和深青三色涂抹墙面，其中白、红两色在墙体上呈现出纵向条状的色带，而象征金刚手菩萨的深青色占有极大的墙面面积，凸显金刚手菩萨在信教民众中的地位，更进一步强化了萨迦地区独特的宗教环境气氛。

　　传统聚落作为面状的建成环境，反映出所在地区乡土建造结构逻辑，以上几个藏区乡土聚落的案例，虽然在地点、规模和功能上有所不同，但在自然环境形态的利用、人群社会结构的投射等几个核心内容上，有其稳定的建造逻辑。乡土聚落的建造逻辑归纳起来大体有三个部分组成，即选址的自然微地形构成了聚落建造的势；人群聚居生活的社会组织形态构成了聚落建造的类型；人们精神生活中的信仰构成了聚落的修持场所。这三部分相互组合而构成的聚落建造逻辑，因其各自的组分比重不同而产生差异，由此形成了丰富多样且特点鲜明的乡土聚落结构与形态。

海上丝绸之路重镇——古城泉州*

◇杨昌鸣

杨昌鸣，教授，历任天津大学建筑设计研究院院长，天津大学建筑设计规划研究总院党总支书记、总建筑师，北京市高等院校特聘教授。国家一级注册建筑师，国家注册城市规划师，国家咨询工程师。兼任中国建筑学会建筑史学分会理事及学术委员、天津市建筑学会建筑历史与理论学术委员会理事等。

古城泉州，一座文化底蕴深厚的城市，一个著名的侨乡。它在古代中外文化交流史上占据着重要地位，也留下了很多东西方文化交流的印记。泉州位于福州和厦门之间，具有得天独厚的港口，曾是梯航万国的东方第一大港和海上丝绸之路的起点之一。

泉州得名于其城北的泉山（即今清源山），此外还有几个与当地的物产及地形特点有关的别称，如桐城、温陵、鲤城等。据说，古人在清源山上鸟

图 13-1　泉州府城池图，形似鲤鱼

*文中部分图片承蒙北京大学方拥教授、中央美术学院郑岩教授、同济大学周珂教授、福州大学陈力教授、华侨大学卢山教授等提供，另有部分来自网络，在此谨致谢意！

瞰泉州的城市格局，认为泉州的形状像一条鲤鱼，在古人的心目中，鲤鱼是一个吉利的象征，遂为泉州取名"鲤城"。

关于泉州，有一个有意思的说法："此地古称佛国，满街都是圣人。"它表明，一方面，许多泉州人信仰佛教，在泉州有好几座有名的佛教寺院；另一方面，泉州文风浩荡，文人辈出。

与此同时，泉州兼收并蓄，吸收融合了古代东方及希腊、罗马等外来文化的精华，形成了独具特色的文化传统。泉州于 1982 年成为我国 24 座"首批历史文化名城"之一。

东西文化交流的印记

泉州作为中国古代海外交通贸易五大口岸（广州、泉州、明州、杭州、密州）之一，早在唐宋时期就成为各国商人往来逗留甚至侨居的理想场所。

图 13-2　泉州今貌

图 13-3　泉州海外交通史博物馆所藏石刻

　　大量商人的到来促使政府进行了相应的管理工作。官方机构"来远驿"（即外宾公寓）负责接待贡使和番客，"番坊"（即外国人居住区）被专门划分出来供侨民居住，"聚宝街"则是以海外商人为主角的一条"洋人街"。今天我们可以在泉州看到很多阿拉伯、锡兰（现在的斯里兰卡）等国文字的石刻，说明来自这些国家的商人曾在此定居，这在泉州是很常见的现象。

　　泉州素有"宗教博物馆"之称，古代世界主要宗教均曾传播至此并留下遗迹。今天，我们仍能在泉州看到很多外来宗教，如印度教、婆罗门教、伊斯兰教、摩尼教等的文化艺术遗存，其中最有代表性的一是印度教的石刻，二是伊斯兰教的清真寺。

　　半个多世纪以来，泉州出土了大量的印度教建筑石刻，如台基、柱础、柱身、柱头、门窗、壁龛、梁头等，质地为辉绿岩石，刻工十分细腻。如开元寺大雄宝殿的台基束腰，其上雕刻有狮身人面像，以上下线脚作为莲瓣；石柱上刻有圆盘，雕刻内容为常见的印度神话故事。印度教元素与中国的佛教宝殿和平共处，相互之间毫不排斥，这是泉州特有的一种现象。

图 13-4　开元寺大殿石柱上的印度教石刻

图 13-5　泉州出土元代印度教石刻

除了印度教神话故事以外，这些石刻上还糅杂有不少中国传统
图案，如海棠、菊花、双凤牡丹、双狮绣球等。这些石刻可能是由
印度雇主示意设计，由泉州工匠雕凿而成的。此外，还有石刻运用
古希腊、古埃及和古西亚的题材，如爱奥尼式柱头、人面狮身和羽
翼人身等。这些融汇了古代世界四大文明精华的石刻是元代泉州社
会兼容并蓄的结果，也是当时经济繁荣发达的反映。

清净寺是泉州最古老的一座伊斯兰教寺院，位于涂门街东段。
据有关方面专家学者考证，这座寺院的确切名称应是"艾苏哈卜寺"，

图 13-6　泉州清净寺

但人们仍习惯称它为"清净寺"。该寺建于公元 1009—1010 年，与北京的牛街及很多内地清真寺采用的中国传统建筑形式不同，清净寺忠实地保留了外来的建筑形象。

　　清净寺的原有格局究竟为何，现在已经很难查考，现在清净寺保存得相对完整的只有寺门和奉天坛等，其余的建筑已荡然无存。寺门高约 11 米，宽约 6.6 米，造型处理表现出浓郁的中亚风格，其具体构造糅合了泉州本地石头建筑的一些做法。著名古建筑专家刘致平先生指出，清净寺门的石头做法类似于砖，"用长石条及正方形丁头，使石墙外观每隔一层即一方块形物"，这一方法利于加固建筑的构造，在波斯和伊朗等地比较常见，但在中国则非常少。

图 13-7　清净寺寺门

　　泉州还有一处与伊斯兰教有关的建筑，即位于东郊灵山南麓的
"伊斯兰教圣墓"。据传，穆罕默德派到中国的四大门徒中，三贤
及四贤曾在灵山结庐传教，死后葬在这里。墓地中心是一座石亭，
亭中有两座石墓。墓后半圆形回廊正中的阿拉伯文碑刻则记载了元
代至治三年（1323）一批阿拉伯穆斯林到泉州为先贤修墓的过程。

图 13-8　伊斯兰教圣墓

　　在距泉州城区约 20 公里的华表山南麓，有一座摩尼教草庵，该建筑背依山崖，为石构单檐歇山式。草庵规模虽小，却因摩尼造像广受学术界重视。目前，摩尼教的石刻留存很少，只有泉州还能看到摩尼坐像。该摩尼坐像为摩崖浮雕，长约 1.5 米，宽约 0.8 米，长发披肩，面庞圆润，眉弯隆起，颌下两条长髯，风格与佛、道造像迥异。1991 年 2 月，联合国教科文组织的"海上丝绸之路考察团"曾专程前往考察，学者们公认该摩尼像是世界上现存最重要的摩尼教遗迹之一。

　　摩尼教公元 3 世纪创立于古波斯，唐初从西域经陆上丝绸之路传入新疆，再入中原。会昌三年（843），唐武宗断然灭法，摩尼教同时受到镇压，转为秘密活动。唐末、五代至两宋曾在福建、浙江两省沿海地区广泛传播，后因朝廷压制，易名明教，宗教活动方式则渐渐吸收民间信仰内容，从而与原始摩尼教之间出现较大差异。

图 13-9　摩尼教草庵外景

元代色目人地位高于汉人，摩尼教重获生机。草庵石室及摩尼造像俱创于此时。

　　草庵造像显示，元代摩尼教受到儒、释、道三教的影响。信徒捐资建寺刻像以求父母福报更与佛教信徒的行为一致。元代中国是个文化大熔炉，波斯人在泉州居住者很多，草庵这座世界上绝无仅有的摩尼教遗迹的出现正在情理当中。

图 13-10　草庵摩尼坐像

巧夺天工的石构艺术

泉州石建筑的历史最早可溯至东晋，运用石头的技艺随中原汉人的大规模南下而迅速传播。泉州地区盛产花岗岩，这一得天独厚的自然条件，也为泉州石建筑的发展奠定了坚实的基础。

泉州的石建筑之所以能在浩如烟海的中国古代石建筑艺术珍品中独树一帜、饱负盛誉，与泉州独特的历史文化和自然条件也有密切关系。

图 13-11　石塔上的精美雕刻

　　随着晋人南迁，淳厚的中原文化对泉州文化的形成和发展产生了强烈的刺激，并使之具备了丰富的内涵。泉州作为海上丝绸之路的重要口岸，海外贸易的兴盛又带来了众多外来宗教和异域文化艺术。这方土地因此而成为古代的国际文化的交流和撞击的场所，各种文化在这里争奇斗艳，尽显才华，同时又相互学习、相互借鉴，使自身得以进一步充实和提高。在泉州的石建筑艺术珍品中，我们不但可以看到中原传统文化的影子，也可以看到异域风貌，它们相互融合后焕发出一种崭新的气息，从而奠定了泉州石建筑在中国建筑文化中的特有地位。

　　南宋时期，以泉州为中心的福建沿海骤然掀起花岗石建筑的浪潮，大量的长桥高塔竞相建造，其中高塔的代表就是开元寺双塔。

图 13-12　老君像

　　开元寺东西塔是我国最大的楼阁式石塔，粗略估算，两塔共使用石材六千多立方米，总重近两万吨。两塔结构的牢固性也堪称奇迹，经历闽南无数次地震，主体安然无恙。

　　双塔均为内外双筒结构，内为八角形柱体，外为八边墙体。八边形平面对于高层建筑来说，既是结构受力的较好形式，又有利于眺望和观赏。楼板将内外墙柱牢固连接，各层门窗洞口上下错开。每层有平坐勾栏，登临者可凭栏眺望。

　　另外，双塔建造模仿木构，匠人们追求把石头做出木头的效果，这是中国建筑史上一个很有意思的现象。按理说，石材强度上抗压不抗拉，木材恰反之，二者本该有着各自对应的结构做法。然而我们不能由此结论说，这是一次历史的错误。当然，这种追求发展到

图 13-13　开元寺双塔

图 13-14 镇国塔及立面图

一定阶段就会发生简化或背离，如仅采用叠涩处理的方式，点到为止地将斗拱的意象表达出来。有的学者崇尚唐宋贬低明清，认为唐代木结构斗拱雄大，明清却繁杂琐碎，是退步的表现，其实不然。技术总在进步，只是建筑元素的功能发生了变化，明清斗拱不再过多地承担结构功能，而是转化为装饰，所以要求也随之变易。我们在做建筑历史研究的时候，不宜根据一种简单的判断就下结论。

　　双塔中一座是镇国塔，一座是仁寿塔。镇国塔在唐末创建时为木塔五层。历经废兴，南宋时耗工十年改为石构，保存至今，异常坚牢。中国塔中大多数为七层以上的纤细型，泉州塔为五层粗壮型，

图 13-15　仁寿塔

很引人注意。石构的镇国塔十分坚固,据史料和碑铭记述,七百多年来,除了维修塔刹以外,最大的一次灾害是明万历三十二年(1604)的大地震,第五层顶盖石塌下,随即修复。仁寿塔初创时间晚于镇国塔,但改为石构却较之早了十年。如果说镇国塔的建筑成就登峰造极的话,西仁寿塔就是其理想的先型。在里程碑式的闽南石塔系列中,仁寿塔从更早试验的基础上迈出了极大一步。

现在我们看到的很多塔都是空心的,但真正古老的塔中心有一根柱子,叫作塔心柱,代表顶天立地。后来,塔心柱逐渐被淘汰,但在日本还能看到。而镇国塔平面图显示,塔中间的实心砌体不是

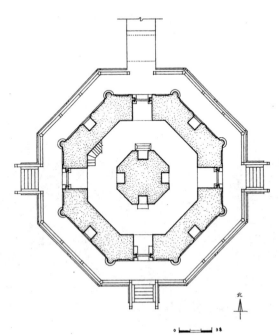

北

0 ⊢━━┙ 3米

图 13-16　镇国塔平面图

图 13-17 "逾城出家"浮雕

结构所需，正是保留塔心柱的意向。

　　石材还为佛塔提供了一个优质的雕刻场所。镇国塔须弥座有浮雕 40 方，描绘佛本生、佛传和经变故事。采用质地细密的辉绿岩石，每宽 1 米，高 0.32 米。"逾城出家"是其中比较精美的一幅，其中城墙构造刻画准确，从建筑史角度看也有重大价值。上图浮雕上的故事讲的是释迦太子翻墙逃跑出家的场景。浮雕对城墙垛口的刻画很细致，里面有很多信息可以研究。

图 13-18　泉州洛阳桥，又称万安桥

　　除了高塔，泉州还有一个很重要的元素，即长桥。泉州古代石桥建筑技艺在全国享有盛誉，我国第一座海上简支梁式石桥洛阳桥是其中最为著名者。洛阳桥与赵州桥、卢沟桥、广济桥齐名，并称为"中国古代四大名桥"。

　　洛阳桥位于泉州城东约 10 公里处的洛阳江入海尾闾上，原称万安桥或万安渡桥，因洛阳江入海处的海渡渡口名为"万安渡"而得名。以桥梁建筑史的观点来看，洛阳桥是我国第一座海上简支梁式石桥，桥长 834 米（原长 1200 米）；桥面宽 7 米（原宽 5 米），原来是用石板铺成的，现改为钢筋混凝土；桥墩原有 46 座，现存 31 座。大多数到过洛阳桥的人，都会为其巨大的气势而感叹。人们常常会发出这样的疑问，在技术条件相对落后的九百多年以前，要在"深不可趾"的洛阳江上建起一座石桥，并不是一件轻而易举的事情，这座石桥是如何建成的呢？

经过有关方面专家的考证，目前形成的较为一致的看法是：建造者首先沿着预定桥址中轴线向江底抛置大石块，形成有相当宽度的江底石堤，将两岸连接起来，也就是"垒趾于渊"；为避免江底的石块被水流冲走，人们受牡蛎的启示，在所抛的石块上大量繁殖蛎房，利用其生长迅速、繁殖力强、胶凝性好的特性，将江底的石块黏合成坚固的整体基础，亦即"种蛎于础以为固"；桥墩就建在这座整体基础之上，系用大长条石交错叠压垒砌而成，两端俱作分水尖，借以抵御江水与海潮的两面夹击。桥墩间距不等，一般在5米左右。架在桥墩上的石梁，是预先将石梁放在木排之上，趁涨潮之际驶入桥墩之间，退潮时即可利用简单的机械装置将石梁架在桥墩之上了。石梁架设完毕，即可铺设桥板，再立栏杆，石桥便告完成。

图 13-19　洛阳桥的桥墩

　　除了洛阳桥之外，泉州地区还有一座古代石桥也在中国造桥史上占有重要地位，这就是有"天下无桥长此桥"之誉的安平桥，它坐落在泉州市晋江县安海镇，横跨海湾，长达 2255 米，俗称五里桥。安平桥的建造时间晚于洛阳桥，在结构形式上也几乎完全模仿洛阳桥，但安平桥又绝不只是洛阳桥的简单翻版。撇开长度上的差异不说，安平桥在桥基和桥墩的处理方面都有着独到之处。长度在两千米左右的五里桥建造难度比洛阳桥稍小。在水深泥烂的海滩上，其多用"睡木桩"作为桥基，即木头不是垂直打下去，而是躺卧。此外，也有将木头排放在海滩上作为桥基的做法。较为特殊者是打下木柱，然后在柱上架起木头，构成底架，再铺石条构成桥墩。至于桥墩形式的选择，则视具体情况而定。在水流平缓的浅海海滩，选用长方形墩，用条石交错叠置而成；宽度为 1.8—2 米，长度为

图 13-20　安海五里桥

4.5—5米。这种形式的桥墩占绝大多数，是主要的桥墩形式。两端均作分水尖的桥墩多出现在水流较急处，桥墩宽约2米，长6—7米，这种桥墩数量最少。另一种桥墩则是将一端做成分水尖，另一端仍保持平直。这种桥墩多用在水流一边急、一边缓的地段。安平桥桥面一般铺有6—7条石板，板的长度不一，长8—11米，宽0.5—1米，厚0.34—0.78米，每块桥板的重量估计达3—4吨。桥板两端接头处横铺石条，可以避免前后错动。安平桥的附属建筑主要是供人休息用的亭子。在这长约五里的石桥上，为行人提供休息场所大有必要。因而在桥梁建成的同时，又用剩余的材料，在桥的东、西及中部共建成五座桥亭。

古代匠人思维灵活，不是一板一眼地按照蓝图进行建造。以桥面为例，桥面没有统一的规格，而是因地制宜结合不同的要求制作，因为寻找同一规格的石材是很有难度的。桥亭的建造是为了给行人提供方便，它们仅仅是利用一些废料余料建造的，外形也并不高大。

唐风宋韵的建筑体系

走进泉州古城，人们一定会注意到那些具有优美曲线和绚丽色彩的古建筑。的确，在中国建筑史上，泉州的古建筑是占有一定地位的。在我国两千年轻柔缓慢的建筑长河中，石建筑尽管曾经流光溢彩，却终究抵御不住木建筑不断掀起的滚滚潮流。就中国木构建筑来说，唐宋之际可谓全盛时期，此后则发展缓慢。明清两代虽出现过最后一次高峰，但这一体系毕竟年事已高，从全国范围来看，衰落的趋势已无可挽回。然而，在闽南，我们看到了另一番景象：如同科场的盛况空前，建筑文化生机盎然。

　　南北方木建筑的结构形式不尽相同，北方以抬梁式为主，南方则多为穿斗结构。然而在泉州，北方的一些做法得到了很大程度的保留，甚至部分北方都已鲜见的形式也可以在泉州找到。

　　闽南木建筑的梁架结构独具特色，从表面上看似乎有些繁复，但仍属于传统的抬梁式与穿斗式的混合形式。山墙部位类似穿斗式，其他部位则更接近于抬梁式，但其细部处理仍表现出浓厚的穿斗式色彩。

　　以故宫为代表的很多古建筑屋顶轮廓都是直的，但是泉州不同。闽南古建筑的屋顶造型有一个突出的特征，即特意强调的凹曲屋面及屋脊曲线。

　　一般认为，曲面屋顶形成于公元5—6世纪，但呈凹曲状的屋顶形象至迟在战国至西汉时期的云南石寨山青铜器上就已出现。此外，在广州、四川等地出土的汉代明器和墓阙上也可看到两端向上翘起的屋脊。及至唐宋，屋脊曲线日趋圆润，凹曲屋面亦渐成定制。然而，明清以降，北方建筑屋脊悉改平直，唯屋面及檐口曲线依旧保留。

　　闽南的情形则完全不同。在这里，屋脊曲线不仅顽强地保存着，而且更加夸张；屋面凹曲也不仅仅只出现在横剖面上，而是同时出现于纵、横两个剖面上。也许人们会倾向于认为这是泉州人的一种独特审美，然而我认为，它更多的是早期做法的某种反映，甚至是其消失过程中的一步。

　　实际上，泉州古建筑的所谓曲线，并非真正的曲线，而是由折线构成的。屋脊曲线由两个构造部分结合而成：一是室内脊柱由心间向稍间逐渐升高，使脊檩呈中间低两端高的折线状；此时，由于结构及观感等方面的制约，脊柱的升高还不足以实现理想的屋脊曲线，这就导致了一种可以有效增大脊檩端部升起高度的特殊构造措施——假厝的出现。

图 13-21　优美的屋脊曲线

图 13-22　泉州古建筑翼角

图 13-23　开元寺大殿的假厝

　　假厝即假屋，是根据事先确定的悬链形屋脊曲线，在原有的折线状脊檩上增设若干高度逐渐变化的短柱，再在这些短柱上重新架设脊檩，并铺设望板构成。因这部分增设的小空间纯为外观所需，故被称为假厝。除了屋顶，翼角也是以这一思路制作的。

　　假厝是泉州人的创造，别的地方很难看到。闽南建筑体系在继承唐宋古制的基础上融入了自己的匠心与创意，走上了一条与北方官式建筑不尽相同的发展道路，表现出独具特色的轻灵柔美风格。

　　在福建四大佛寺（福州涌泉寺、莆田广化寺、泉州开元寺、漳州南山寺）中，开元寺的占地面积约七万平方米，规模堪称第一。泉州开元寺是在唐垂拱二年（686）始建的莲花寺的基础上扩建而成的。在其漫长的发展过程中，开元寺不仅保存了不少早期遗构，而且不断吸收和融合了一些外来文化的成分，其中包括印度教寺庙构件的使用和其他宗教建筑装饰手法的采纳等。一部开元寺的建筑发展史，几乎可以说是一部浓缩了的泉州从唐至今的发展史。因此可以毫不夸张地说，开元寺具有很高的文化价值、历史价值、艺术价值和科学价值。

　　关于开元寺，有一个有趣的传说。据说开元寺原是当地一乡绅黄守恭的宅子，有一天他白日做梦，梦见一名僧人向他讨要宅园来建造寺院，他回答说除非桑树上结出白莲。僧人大喜拜谢，忽然不见踪迹。过了几日，黄宅中的那棵桑树果然结出白莲，黄守恭只得如约在其宅基上建造了开元寺，"桑莲法界"也因此而成为开元寺的代称。撇开附会编造的因素不谈，这则传说与中国古代寺院起初大多是"舍宅为寺"的客观情况是相吻合的。

图 13-24　开元寺大雄宝殿

　　开元寺的布局基本符合汉地佛教寺院的规制。主轴线上依次分布有紫云屏、三门（天王殿）、拜亭、大雄宝殿、甘露戒坛、藏经阁等建筑物，副轴线上则有檀越祠、准提寺、功德堂、僧舍、水陆寺等附属建筑物，主轴线东西两侧还各有一座宋代石塔，即镇国塔和仁寿塔。

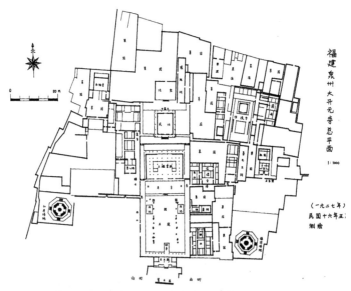

图 13-25　开元寺总平面图

　　拜亭可供信徒烧香，它为进殿前的信徒们创造了一个心理过渡的空间，使他们不至蜂拥而入。毕竟心不静，拜佛也不会有收获。

　　开元寺大殿号称百柱殿，是闽南地区乃至福建省现存体量最大、构架也最为复杂的木构建筑。实际上它如今的规模也是在不断的变

图 13-26　开元寺天王殿拜亭

化中形成的，从原来的五间慢慢扩大到现在的格局，这样的变化与其香火有关。开元寺大雄宝殿供奉的是五方佛。

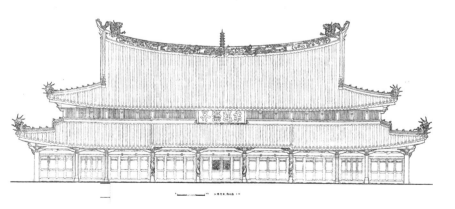

图 13-27　开元寺大雄宝殿立面图

为了创造较大的祭拜空间，佛像前部省略了两排柱子，代之以龙柱、飞天、斗拱、挂幛等元素，烘托出肃穆而华丽的气氛。同时，又将佛像背后的构件作了简化处理，以此来衬托佛像的繁复绚丽。

大雄宝殿中还有二十四尊木雕"伎乐飞天"。伎乐飞天其实是斗拱的一种变化形式，只不过是把向外出挑的拱做成了飞天的形象，使之既具有结构作用，又有一定的装饰效果。

与敦煌石窟及其他一些地方的飞天形象略有不同的是，这些飞天的身上大都带有鸟的翅膀或鸟爪，因此又被称为妙音鸟或吉祥鸟。飞天形象亦不局限于女性，而是有男有女，形态各异，年龄跨度也较大。飞天的手上或是托着文房四宝，或是捧着宝物乐器，各式各样。

由此，原起结构作用的构件变得轻巧，令人丝毫不觉压抑，这也是泉州匠人的一大创造。

图 13-28　开元寺大雄宝殿飞天

图 13-29　开元寺大雄宝殿飞天

　　戒坛是中国佛教的重要组成部分，如今，仍保有戒坛的寺庙已经不多。开元寺的甘露戒坛是泉州现存规模最大的攒尖顶建筑。

　　戒坛的建筑形式来自于印度古老佛教里的曼陀罗空间图式。曼陀罗是以各种正方形、三角形、圆形等图形组成的一种吉祥图案，如西黄寺金刚宝座塔的建筑样式。

　　甘露戒坛平面为矩形，但实际是方形主体空间加上前廊所构成的复合平面形式。这一形式既构成了曼陀罗的形态，又满足实际的需求。人们进入前廊，经过一个缓冲空间，烧香后顺势绕场一周，即可出殿。佛像顶端则建造了藻井，以木作材料，做成了十分优美的形象。

图 13-30　甘露戒坛

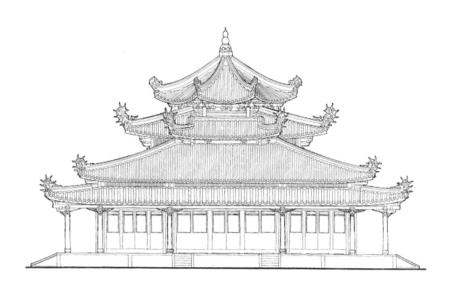

图 13-31　甘露戒坛立面图

　　泉州是文风浩荡之地，元、明、清代代科举兴盛，人才辈出，故有"海滨邹鲁"的美称，泉州的文庙与府学就是其最突出的物化象征。

　　泉州文庙建筑的规制很高，其屋顶形式在建筑学上称为庑殿，属于最高的档次，太和殿的屋顶就是庑殿形式的。当然，泉州文庙的开间没有太和殿多，太和殿有十一间，这个数字是不允许超过的。

　　另外，泉州的府学与文庙左右骈列。一般情况下，文庙中部是大成殿，前部是东西廊庑；府学的中部是明伦堂，后部是议道堂，前部有东西十二斋；大成殿和明伦堂南各有一方形泮池（后改为圆形）。目前，泉州的府学与文庙建筑群依然基本保持着原有格局。

图 13-32　泉州文庙鸟瞰

　　两条东西并列的轴线有什么重要意义？它可能是早期"骈列制"的一种遗存形式。如同从偶数开间转变为奇数开间是一个漫长的过程一样，泉州府学和文庙双轴并列的格局可能是中国传统建筑布局模式转化的一个阶段，可以说是研究中国建筑历史的"化石"。

　　文庙大成殿的一个突出特征是它的屋顶形象。夸张的屋脊曲线与一反常态的对"推山"（庑殿顶建筑通常要将正脊加长使其向两个山面推出，在北方官式建筑中十分常见）做法的舍弃，使它显得舒展柔美、卓然不群。

图 13-33　泉州文庙大成殿

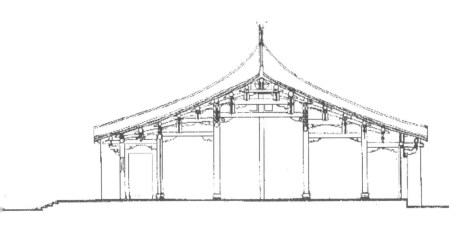

图 13-34　泉州文庙明伦堂剖面图

与文庙大成殿毗邻的府学明伦堂显得俭朴得多，虽然同样是面阔七间、进深五间，但其屋顶采用的是硬山的形式，给人以朴实无华的印象。

文庙的泮桥也值得一提。横跨泮池的泮桥的长度较长，建造时，前人结合了拱桥与平桥各自的优点，在当地常用的"简支梁"式石板平桥的基础上略作变形处理，使桥面呈缓缓拱起的曲线形，有效地化解了较长的平桥容易产生的枯燥感，同时也免却了建造传统拱桥的费时费工之烦。

在泉州众多宫观坛庙中，性质最为特殊者当推天后宫。天后宫又称天妃宫，是专用于祭祀被闽南人尊为航海保护神的天后神林默娘（俗称"妈祖"或"妈祖娘"）的庙宇，有水运的地方基本都有天后宫。目前，始建于宋代的泉州天后宫以其在海内外同类建筑中规格最高、年代最早、规模最大而著称于世。

图 13-35   泉州文庙泮桥

图 13-36   天后宫大殿

　　泉州天后宫的屋顶形式为重檐歇山，屋脊采用假厝的处理手法，脊饰及翼角装饰与当地其他寺院大同小异。天后宫龙柱雕刻精致，显示出当时匠人的高超技艺。

图 13-37　天后宫龙柱

除佛教和伊斯兰教外，泉州地区还有很多宗教，包括大量的民间信仰，其宗教场所包括关王庙、城隍庙等。其中值得一提的有安海龙山寺，它在体系上虽然仍属于佛教寺院，但实际上带有民间宗教的色彩，在泉州民间乃至台湾地区都有较大的影响。龙山寺造型简单，屋面三叠，中间抬高，处理方式较为古老，这种做法最早出现在云南石寨山青铜器上，目前在泰国还能看到。

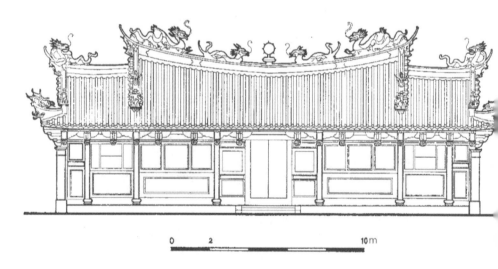

图 13-38　安海龙山寺立面图

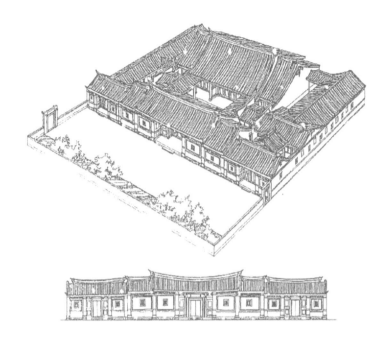

图 13-39　杨阿苗民居

　　闽南民居与北方四合院不同，为解决通风采光问题，常用小天井作为护垄（在中心院落两侧增建的与厢房平行的住屋），形成与主院之间的过渡，并有小门相通。这种布局形式的典型代表为亭店杨阿苗宅。

　　闽南建筑的墙面做法早期比较古朴，以混水抹面为主，极少雕饰。后来逐步改用清水做法，再配以色彩艳丽的胭炙砖，无论是质感上还是色彩上都给人留下深刻印象。

图 13-40 泉州民居墙面处理

概言之，中国传统艺术的熏陶和海外文化的冲击，使泉州具有与众不同的文化底蕴，在其促进之下，泉州的建筑文化亦与众不同。它是中国古代建筑文化宝库中的一个重要组成部分，留下了很多值得我们深入研究的问题。

记忆与阐释：彩云之南的乡土聚落与建筑

◇王冬

> 　　王冬，昆明理工大学建筑与城市规划学院教授，兼任
> 全国高等学校建筑学专业指导委员会委员、昆明理工大学
> 学术委员会委员，《万象当代建筑》《西部人居环境学刊》
> 等杂志编委。

　　我今天演讲的题目是"记忆与阐释：彩云之南的乡土聚落与建筑"，主要想讲两部分的内容。

　　首先，我会用概述的方式把云南乡土建筑的类型、空间分布做一个简单介绍，这是第一个部分。第二个部分就是我题目中写的"记忆与阐释"。由于我们毕竟远离乡村，也不是乡村中人，所以我们不可能百分百纯客观地解读乡村。然而，虽然我们的记忆并不一定是乡村里绝对客观的记忆，但我们却不妨从社会学、人类学或阐释学的角度来对乡村进行阐释。"阐释"是对某一文本或课题的主观解释（这个阐释一要尽可能接近客观现实，二要有主观的解释）。在这个部分，我会结合自己的研究和在云南长期的体会感受来谈谈云南的乡土聚落，我的视角是从血缘族群、地缘族群、业缘族群来看待、解析云南乡村的乡土聚落与建筑。

一、建筑类型与空间分布

在中国地图中，我们可以看到，云南处在中国的西南之域，跟东南亚是比邻、接近的，所以其地理圈和文化圈与中原等内地，包括江南等地，实际上是不同的。

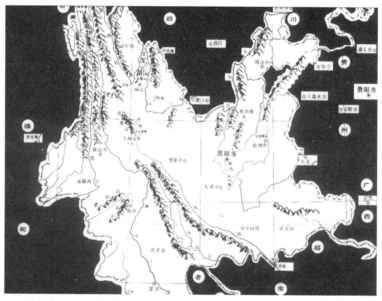

图 14-1　云南地形地貌图

图 14-1 表现的是云南大概的地理地形地貌，呈扫帚状，从西北向东南方向延伸，海拔由高到低。云南最高的梅里雪山卡瓦格博峰海拔 6740 米，而最低的地方是河口，海拔只有六十几米。这样巨大的落差意味着，云南的地理环境是非常多样的。

图 14-2 中，用橙色标注出来的是云南的几条大江。由西到东，最西边的是怒江，它在云南境内蜿蜒流淌，最后流出国境，到了缅甸被称为萨尔温江。接下来是澜沧江，它从北到南贯穿了云南，流到越南后被称为湄公河。长江，它在云南的这一段叫金沙江。元江，发源于云南境内，在云南红河州境内称为红河，继而流入越南。南盘江从云南曲靖发源，是珠江水域的上游。

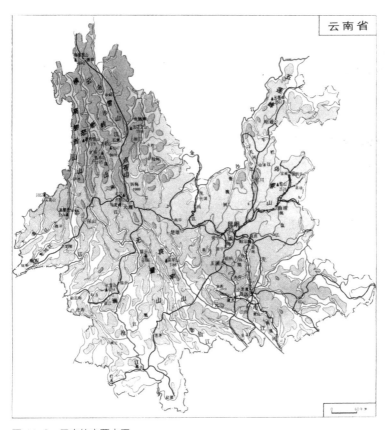

图 14-2　云南的主要水系

　　我们再看一看云南的山脉。由西到东，最西边的是高黎贡山，南北方向延伸，是横断山脉的一脉。再往东，依次是云岭、大雪山，它们与横断山脉平行。这些山脉均位于云南的西北，这个西北"大三角"也被称为"三江并流地区"，有着丰富的地域和人文资源，是我国的世界自然遗产。此外，云南的东南部、东北部还有一些相当巍峨的山脉，如哀牢山、乌蒙山等。

　　在云南的行政区划图上，我们可以看到，有二十六个民族分布在云南这块土地上，所以少数民族文化非常多样。靠近西藏的是迪庆藏族自治州，再往西是怒江傈僳族自治州，然后向南是大理白族自治州，西南是德宏傣族景颇族自治州，南部有西双版纳傣族自治

a. 干栏　　　　　　　　　　　　　b. 板屋

c. 土掌房　　　　　　　　　　　　d. 合院民居

图 14-3　云南的乡土建筑类型

州和红河哈尼族彝族自治州，往东是文山壮族苗族自治州，中部与
昆明毗邻的还有楚雄彝族自治州。丽江、保山等地虽然不叫自治州，
但少数民族分布也是非常广泛的。

我校的建筑学前辈蒋高宸教授曾总结提出了云南人居环境的四
个特点：自然条件的多样性，民族构成的复杂性，历史发展的特殊
性，文化特质的多元性。在这四个方面，云南确实跟内地、中原有
很大的不同。下面，我们将从分类的角度，讲述一下云南的乡土聚
落与建筑。

一般而言，建筑学界大致将云南的乡土建筑分为这样四类：干
栏、板屋（井干房）、土掌房、合院民居。

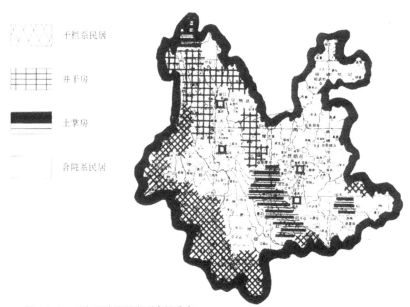

图 14-4　云南四种民居类型空间分布

干栏民居主要分布在云南南部和西南部；井干房分布在云南西北部海拔较高、气候较寒冷的地区；土掌房分布在云南中部（这些地区往往气候较为干燥，如元江流域的干热河谷）和西北气候干冷的地区；还有分布在滇中、滇西北、滇南、滇东南等地区的合院民居，它是本土建筑受到中原影响后发展出的一种建筑形态。

表 14-1 云南民居的分布统计表

民居类型		分布地区（县为单位）	地域类型	主体民族
本土型住屋	土掌房	元谋、峨山、新平、元江、墨江、石屏、建水、红河、元阳、绿春、江城	干热地区	彝、哈尼（傣、汉）
	碉房	德钦	干冷地区	藏
	木板楞房屋	中甸、丽江、宁蒗、维西、兰坪、漾濞、洱源、贡山、云龙、永平、南华	高寒地区	彝、纳西、藏、白、普米、怒、独龙
	干栏建筑	景洪、勐腊、勐海、孟连、镇康、澜沧、双江、陇川、福贡、耿马、潞西、瑞丽、盈江、泸水	湿热地区（低热平坝、低热山地）	傣、壮、布朗、佤、德昂、景颇、拉祜、基诺、哈尼
汉化型住屋	合院建筑	昆明、建水、石屏、大理、丽江	中暖平坝	汉、白、纳西、彝、回、蒙古、阿昌、傣

四种建筑类型与地理、气候、少数民族的分布有关。建筑首先是存在于某种环境之中，其次是受到人们生产与生活的影响。有什么样的地理、气候，什么样的生计模式，就有什么样的建筑和空间与之相适应。

干栏民居底层架空、人居楼上，架空层放一些生产工具、牲畜等。不过，现代生活中，楼下也越来越多地承载了人们的生产和生活。

图 14-5　干栏建筑

图 14-6　云南板屋形成的聚落

图 14-7　这种下半部分是夯土墙、上半部分是板屋的建筑形式在藏族地区非常常见

　　干栏主要分布在云南西南一些比较湿热的区域。平坝宽谷地区的傣族竹楼、湿热山地的掌楼房、怒江峡谷"千脚落地房"以及"半边楼""吊脚楼"等都属于干栏。

　　板屋，也叫井干房，其墙体是用木材围合、垒筑起来的。在云南，一些板屋不但墙体是用木材围起来的，屋顶也会用木板来覆盖，这种木板被称作"闪片"或"滑板"，故该类板屋也叫"闪片房"或"滑板房"。

　　土掌房，顾名思义，都是用土做的，不单墙体，屋面也是土做的。土做的墙体有两种形式：一种是两边做木模板，而后在模板里面夯土，叫夯土墙；另一种是用土坯砖砌墙。夯土屋面则是在较密的木肋上铺草并密实夯土形成的楼面或屋面。

　　土掌房保温效果非常好，非常适合于干热、干冷地带，如在云南迪庆德钦的藏族地区就很多；而下图中这种哈尼族的蘑菇房则是另外一种样态的土掌房，墙体与土掌房相同，只不过屋顶用茅草做成了像蘑菇一样的形态。

　　合院民居就是用房子或墙体围起来的院落住宅，是一个内向型的聚合空间。在滇中的昆明，滇西北的大理、丽江，滇南的建水、蒙自、石屏，滇东北的昭通、会泽等地区广为分布，其中不乏一些颇具规模的深宅大院。

　　为什么这些地区会有合院民居甚至深宅大院呢？这和云南的社会发展有关。这些地区在历史上往往与中原来往比较密切，在受到中原文化影响后，逐渐发展出合院式的民居。

图 14-8　哈尼族蘑菇房

图 14-9　滇中地区的标准四合院，称为"一颗印"，面积不是很大

图 14-10　大理的院落住宅面积相对更大，而且装饰非常丰富、绚烂

　　白族"三坊一照壁"合院住宅中照壁上的彩画和装饰，反映了居住其中的老百姓的生活状态，或者说是大理白族生活的状态。

　　下图是建水某院落民居的平面图，我们看到，这里的院落已经不是由单一的院落组成，而是一组非常复杂的院落群体。在建水、石屏等地，很多院落都呈现出这样一种非常复杂的状态。

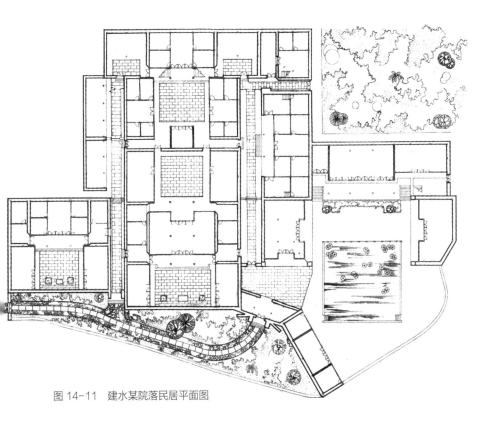

图 14-11　建水某院落民居平面图

二、记忆与阐释

前面我所讲的或许可以说是现在我们对于云南乡土建筑的记忆，然而，这些记忆其实并非能让我们回到真正的乡土民间的那种记忆，这些记忆更多地来自书本，来自学者梳理出来的类型。这到底是记忆还是知识，似乎是一个难以说清的问题。

既然不可能回到百分之百的客观记忆状态，那么也就允许我们有在学习、认知、理解前提下的阐释。我对云南乡土聚落与建筑营造模式的阐释包括三个部分：血缘族群的"惹罗"模式、地缘族群的"元—本主"模式和业缘族群的"公本芝"模式。

云南少数民族族群的演变发展，一般而言经过三个大的历史阶段。其实，这也与人类族群演变发展的历史进程相吻合。

血缘族群是一种由家族或宗族血缘所决定的人际构成关系，族群成员天然地处于一定的血缘关系之中，在此基础上，人们在空间上聚集于某一个地方，形成一个个原始社会的生存共同体及其原始聚落。血缘族群的聚落就是人类的早期聚落。

地缘族群是一种被聚居地及土地所决定的人际构成关系。随着社会发展，人们逐渐脱离原始社会，进入农耕社会，大家以土地为核心，土地把所有的人扭结、连接在一起。地缘族群的定居与土地有着非常密切的联系，他们都在土地上耕作、劳动。因此，我们将这种聚落称为地缘族群的聚落。

业缘族群则是人类聚居在血缘与地缘的基础上，发展到一定程度，产生多种分工及工作后形成的一种人际构成关系。随着农耕社会向农商社会转变，乡村从简单的商品交换过渡到开始有集市、市场和贸易，更多的人不再从事农耕，有了各种各样不同的职业。这时，大家的关系中开始有了商品和不同职业的连接。在这种社会背景下形成的空间聚落，我们称之为业缘族群的聚落。

在内地，也许族群的这三个发展阶段呈明显的时间先后顺序（血缘族群→地缘族群→业缘族群）；但在云南，由于历史发展和民族情况的特殊性，这些族群的出现不完全呈现出时间的先后关系，而会有时空的交错。比如，上世纪 50 年代甚至现在，在云南边境一带的一些少数民族村寨中，仍可以看到明显的原始社会血缘聚落的痕迹。

（一）血缘族群与"惹罗"模式

那么，血缘族群在村落或聚落层面呈现出一种什么样的状态呢？通过研究，我们将血缘族群的聚落及建筑的营造模式称为"惹罗"模式。

以哈尼族为例，"惹罗"模式是蒋高宸老师通过梳理哈尼族民间文化及其史诗《哈尼阿培聪坡坡》后提出的概念。《哈尼阿培聪坡坡》描绘了哈尼祖先从最早的聚居地"虎尼虎那"到最后的聚居地——红河两岸的迁徙历程，途中他们曾在八个地点居留；同时诗中记载了哈尼祖先营造自己的聚落和房屋的过程。

哈尼族是一个具有悲壮色彩的民族。哈尼祖先为了生存、躲避战乱和灾荒而开始向南方迁徙，由于他们自身比较弱小，每到一地都不容易站住脚，只得不断向南迁徙，因此演绎出非常悲怆的民族生存史诗。

迁徙对哈尼族而言意义非凡。在他们迁徙的"惹罗普楚"时期，一种聚落模式出现了。有学者认为，"惹罗普楚"时期是哈尼先祖开始成为南方农耕民族并安寨定居的民族更新期或形成期。这种模式是怎样的呢？第一，认同大环境；第二，选择宅基地；第三，立贝壳，占卜凶险吉祥；第四，举行安寨大典；第五，栽竹子，栽棕树；第六，盖房子；第七，找水源，找水井；第八，开大田；第九，祭寨神。

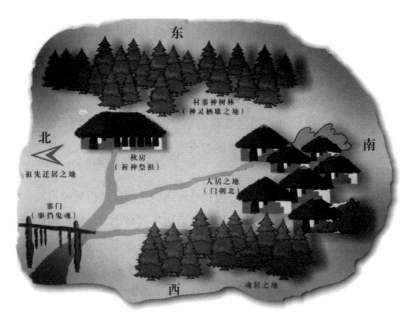

图 14-12 哈尼村寨择居建置示意图

"惹罗"模式和我们现在理解的一般的城市聚落和建造模式有很大的差异，这些差异主要体现在两个方面。

首先，先居后建。我们现在讲新农村建设，总是先把老百姓原来的旧房子、破房子拆掉，再把新房子盖起来，但这之后到底会有

图 14-13　哈尼村寨

什么样的生活呢？不得而知。这种思路是先建房子，然后再说居住和生活的事情。但哈尼族却不是这样，他们得先确认能够定居下来，看这个地方究竟适不适合生存。他们要先认同大环境，先考量这个地方，再营造可居的环境，盖房子是之后的事。

　　其次是神性。在"惹罗"模式中，聚落营造会呈现出一种神性和神圣空间。云南很多少数民族都有立贝壳、占卜凶险吉祥之类的行为，而这些在"惹罗"模式中表现得非常明显。哈尼族史诗《哈尼阿培聪坡坡》里有这样一段话，讲述了哈尼大寨头人西斗选寨基的过程：

　　西斗拿出三颗贝壳，用来占卜凶险吉祥：一颗是子孙繁衍的预兆，一颗代表禾苗苗壮，一颗象征六畜兴旺。贝壳寄托着哈尼的希望。贝壳立下一天，大风没有把它刮倒；贝壳立下两天，大雨没有把它冲歪；三天早上公鸡还没啼叫，西斗老人来到贝壳旁：昨夜老虎咬翻百只马鹿，哈尼的贝壳安然无恙。

因此，贝壳放在这儿非常吉祥，这个环境非常适合建寨府，将来一定会子孙兴旺、六畜兴旺、庄稼兴旺。

西斗又把肥狗杀倒，拖着绕过一圈。鲜红的狗血是天神的寨墙，它把人鬼分成两边；黑亮的血迹是地神的宝刀，它把豺狼虎豹阻挡。

用杀死的狗血把寨子围上一圈，也许以后就要在这个圈上做寨墙。这是非常神性的。我们知道，处在原始状态的人们还不可能像现在这样科学理性地看待世界、看待宇宙。在他们的思想里面，总有一种原始的生态思想和整体思想，认为一定不只是我这个寨子的人在这里生存，还有周围的万物，万物有灵，我们要和它们有一个相互的关系，要与它们和谐共处。

万物中有很多鬼神，他们有的可以赐给我们吉祥，有的会给我们带来灾祸，所以我们得祭祀他们。其中，有些祭祀是为了搞好关系，有的则是为了与他们屏蔽开来。这样看来，神性其实也是与人们最根本的生存紧密相关的。

图 14-14　水渠与水碓房

图 14-15　哈尼村寨寨门

　　这是一种非常有意思的状态。通常，哈尼族村落中都有一些神性的空间，比如整个村落选址在一个山的洼地里，人们把附近的树林称作"龙林"或"神林"，还把水视为生命的基本，因此将"水龙潭"看得很重。还有寨脚神树林、磨秋场（节庆仪式用）、寨门、

图 14-16　哈尼族舞蹈

图 14-17　哈尼村寨营造的"三段式立体结构"

寨心。很多祭祀会在磨秋场展开，但这里也是公共空间，小孩和妇女在这歇息。水房也有神性，对哈尼族来说神圣不可侵犯。

少数民族的节日和祭祀基本都与农业和人类生存有关，这在云南少数民族村寨中有很多表现。

哈尼族村寨存在的"三段式立体结构"，也是"惹罗"模式中的重要组成部分。这是一种什么样的结构呢？上层是村寨背后山上的神树林，也叫龙林；村落一般在山坡中段；再往下是田地。所以，在云南哈尼族地区有这样一个说法："山头宜牧，山坡宜居，山脚宜耕"，讲的就是这种三段式立体结构。

　　在元阳哈尼族彝族地区，当地干热的气候使得下方元江里的水汽大量蒸发，聚集到天空中形成很多云层后就会降雨。雨水落到地面上以后，神树林就开始起作用，也就是我们现在说的保水，因此，当地少数民族是不允许对神树林有任何破坏的。雨水落在树叶上、树林中，滴水成溪，溪水成河，流过村庄和田野，最后又回到元江；之后再通过蒸发，形成反复的循环，构成了一套生态体系，其实这也是哈尼族族群的生存系统。这种三段式立体结构呈现出村落自然、神性、基本生活相结合的一种整体状态。

　　像"惹罗"模式这样的聚落营造模式不但哈尼族有，其他很多少数民族的早期血缘族群村落中也都存在过这样的样态，因此我们

图 14-18　云南沧源崖画中的村落图，从当地的崖画中可以看到早期聚落的空间形态和人们的生活，并从中看到与"惹罗"模式相类似的状态

图 14-19 佤寨的神灵崇拜

认为，哈尼族的"惹罗"模式可以被认为是血缘族群聚落营造的一个普遍范式。

血缘族群的村落形态有这样一些特点：第一，防卫性强，村寨边界的设定对他们而言非常重要，因为血缘族群比较弱小，需要时刻保护自己，防御毒蛇、猛兽和其他部落的入侵；第二，内聚性强，族群往往有一个中心，中心是一个广场，广场中心则是大房子，通常是部落首领居住的地方，周边是对偶家庭（类似现在的夫妻家庭，但并不正式）的小房子，并产生生产区域、祭祀区域、祖先陵墓区域的分化。这种形态的痕迹在当下的部分佤族、拉祜族村寨中还可以看到。

　　在这样的空间里，氏族生活和神性非常紧密地缠绕在一起。例如，云南西盟县城边的一个佤族村落，村落旁的山地中有一个幽静、神秘的沟箐及山洞，当地的佤族人认为，这是一个祖先和神灵生活的非常神圣的地方，所以每年他们都会在这个地方祭祀，祭品就是牛头，因为他们认为牛非常吉祥。

　　这里总结一下：可以认为，血缘族群的基本社会结构是"氏族—各部落—部落首领—家庭—族群成员"，它既带有原始共产主义的痕迹，又有农耕社会生活与生产初期的特征。血缘族群带来了村寨聚落营造的原始积淀，其营造特征有以下几个特点：

图 14-20　傣族村落都会有寨心，而且有的村寨还不止一个寨心

图 14-21　藏族村落的神性体现——白塔

　　第一，家庭住居相对简单原始，聚落的公共性要素得到充分的强调，如中心广场、大房子、壕沟、公墓、龙林（神树林）等。

　　第二，聚落的空间图形明显带有对未知宇宙崇拜、万物有灵、祖先崇拜的仪式特征。

　　第三，居住区、公墓区、水塘、水碓房、作坊等体现了聚落最基本的生活和最原始的功能分区。

　　第四，建造的过程与行为显然是一种相对公共性的、有序的集体建造，血缘族群是最早期的人类命运共同体，因为生产力低下，人们不得不聚合并团结在一起。

　　第五，藏匿于自然环境之中，自给自足，与外界基本上没有什么来往。

　　（二）地缘族群与"元—本主"模式

　　我提出的所谓"元—本主"模式，是在地缘族群背景下，一种在逐渐增强的地缘性的作用下，对聚落人居环境和住屋营造所显现出的总体规律以及相关的过程、特征的概括和抽象。

图 14-22　藏族村落的神性体现——玛尼堆

　　"元"指传统农耕村落中以家庭或家族为单位的居住建筑。进入农耕时代，人们由原始共产主义的集体生活转变为家庭生活，自己种自己的田，开启了小农经济时代。而家庭生活和家庭经济则塑造了较为私密和较为精致的居住建筑。

图 14-23　在大理白族地区，有村就有"本主庙"

　　"本主"指云南苍山洱海一带白族村寨的本主崇拜。"本主"又叫"本主神"，在白族乡村中，其确切含义是"村落保护神"。如果在苍山洱海一带的白族村寨中游走，你会发现每一个村落都有

图 14-24 大理白族村寨里的"本主庙"

"本主庙",类似于土地庙,"本主庙"里有"本主神"。其他很多乡村地区也都有"本主庙",我们可以把它理解为农耕社会时期,原始聚落的万物有灵崇拜转换成了对土地的祭祀和祈福,是进行农业生产的人们希望风调雨顺而产生的对某种超自然力量的寄托。

在上述背景下,"本主庙"成为村落的空间核心,再加上很多细胞一样的民居,就构成了农耕型村落基本空间的图式。这也就是我们所说的"元—本主"模式的基本空间图式。

　　那么，村落营造的"元—本主"模式的具体内容是什么呢？在农耕时期的村落中，人与土地、耕作、养殖发生着密切的关系，这个时候的村落营造与血缘族群的营造方式显然大为不同。首先，村落或人们的生活与土地发生密切关系后，衍生出住屋营造的精致性和相似性，并在此基础上形成了建造的规则和工匠体系。其次是在与土地、农耕的密切关系中衍生的村社公共场所及设施的完整性、共同建造及其营造体系。我将"元—本主"模式描述为：认环境、择基地，立宗祠、建庙宇，盖住屋、营场院，兴水利、凿灌溉，设集市、构中心。

　　如大理喜州，整个村落格局呈现出相对完整的街巷道路的几何状态，这在血缘族群聚落中是不可能出现的，但在农耕村落，特别是农耕发达的地区已开始频繁出现。顺便说一句，大理、西双版纳等地都是云南历史上农耕较为发达的地方，其民居建筑和村落发展自然也就较为发达。

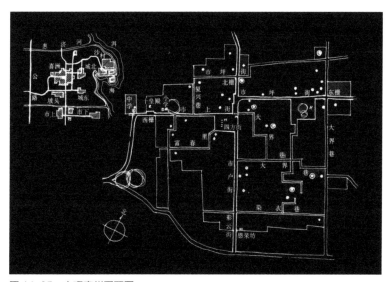

图 14-25　大理喜州平面图

图 14-26　红河州建水县团山村平面图

　　再如红河州建水县的团山村。农耕和土地使得村民们聚集和定居在这方水土之上，其房屋的建造显然与定居密切相关。房屋建造时地理条件相同、材料相同、技术水平相同，生活方式也都相同，都与这块土地相关联，所以建造房子的方式也基本相同。差异仅限于你家两百平方米、我家三百平方米，你家地大一点、我家地小一点。总体上说，房屋有着类型上的相似性；在空间分布上愈加密集，建造等级越来越高，工艺技术越来越精致。

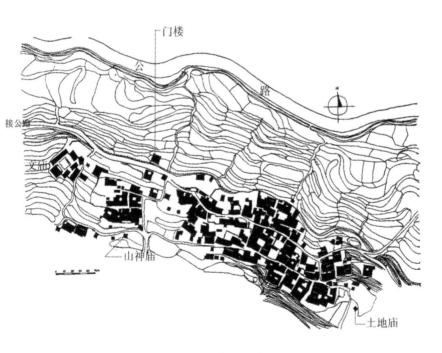

图 14-27　红河建水大板井村平面图（土掌房）

图 14-27 是红河建水的一个土掌房村落，村里有土地庙、门楼、山神庙，从中明显可以看到与农耕和对土地的关系及观念。值得一提的是，这里出现了文庙。这是因为当时的农耕社会在向农商社会转化，耕读文化开始衍生，很多村落出现了文庙。虽然"文庙"与"本主庙"不同，但它们有着相同的根源。

在云南，丽江、大理、西双版纳以及滇中地区都有着比较发达的水利灌溉系统。以大理为例，大理有苍山十八溪，十八条水溪从苍山流到洱海，是一套自然的水利灌溉系统。傣族村落呈网格形状。

图 14-28　水渠

这是因为傣族地处平坝，稻作文化发达，早期稻作灌溉系统也很先进，直接影响了村落的形态。

丽江也是这样。现在大家去丽江大研古城看到水系发达，就像江南水乡一样。其实丽江历史上是很缺水的。明朝时，木氏土司出于统治需要，历经千辛万苦开凿出两条水系，从现在的白沙将玉龙雪山的雪水和黑龙潭的泉水引入聚落；清朝又开设了另一条水系，这三条水系构成了大研古城的水利设施系统；而古城的空间形态、街巷体系、房屋布局则显然与这几条水系密切相关。

图 14-29　引水桥

图 14-30　周城的戏台广场、集市

　　与此同时，集市也开始出现。家庭农耕生产出的农副产品逐渐增加，多余的就会拿到集市上来换取自己需要的东西。起初，这些集市就是草皮街，非常简陋。但随着农耕生产、产品交换、公共生活的日益发展，集市逐渐成为聚落中重要的空间节点，也成为村落空间营造的重要内容。

　　图 14-30 是大理周城的集市，集市中开始出现戏台。显然，集市从简单的商品交换场所渐渐演变为聚落生活的公共空间。农耕型村落大多都有这样的集市：它既是集市，有时也有生产设施，又是村落里大家经常光顾的村社公共空间，甚至是娱乐空间。

这时，由于土地都是由家庭耕作，生产方式归结为家庭小农经济，家庭成为农耕社会最基本的细胞，盖房子自然也都是以家庭为单位。只要有条件，这些家庭可以把房子盖得越来越大、越来越高级、越来越精致，也越来越和他们耕读文化的诗意结合在一起：不单是种田，种田之余要读读书，像文人那样画画、写书法，总之要有耕读文化。

如果你深入大理和丽江的民间村落会发现，普通百姓家中常有老人书法和中国画的水平非常高。在丽江，男人干农活及家务活常

图 14-31　大理当地民居，墙壁上有很多绘画作品，显示出主人较高的艺术修养

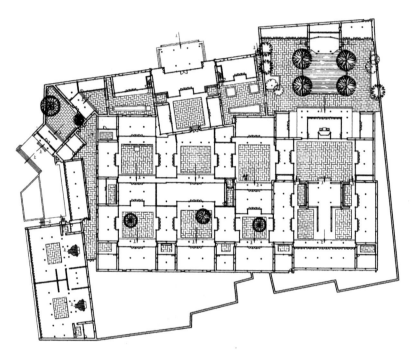

图 14-32　朱家花园总平面

常不如妇女多，这些活计家庭妇女操持得更多；而男人则乐于去搞书法、画画、鼓乐等。这时，民居的营造显然会呈现出一种非常精致化的状态。

在大理喜州，很多人家都是这样，只要有条件，都盖深宅大院。建水的朱家花园可以说是其中登峰造极之作，里面大小院落、天井号称有四十二个之多。与此同时，这些聚落的街巷、进入村落的寨门和门楼等也都出现等级不断提高、愈加精致的现象。

　　然后，宗教也开始发展。例如此时的大理已是中原汉族大乘佛教、西北藏族藏传佛教和东南亚小乘佛教三种宗教文化的碰撞和交融之地。这时的宗教活动与"本主"祭祀不同，也与对万物、祖先的崇拜不同，更多的是文化意义上的祭祀，所以有寺庙、佛塔、孔庙、道观之类的建筑出现。

　　村落里还有戏台和宗祠。村民祖祖辈辈在这里从事农耕，在祈求风调雨顺的时候，往往也会祭祀祖先，希望由此带来好运。此外，大家在村落中生产、生活，希望能互相扶助，所以对祖先也非常崇拜。宗祠是村落的精神核心，也常常成为空间核心。

图 14-33　洱海中的宗教建筑——小普陀

图 14-34　村落中的宗祠

图 14-35　澜沧景迈山糯干傣寨

　　同样的案例还有很多。图 14-35 是一个叫作糯干的傣族村落，坐落在云南普洱的澜沧景迈山，这里的村民不种稻米，而是在山地种茶，这里的普洱特别好。图中可以明显看到，佛寺、佛塔与村寨的紧密关系，就像大理白族地区有村就有"本主庙"一样，傣族地区有村就有佛寺，有村就有白塔，有村就有缅寺。

　　图 14-36 也是较为典型的傣族村寨聚落状态，街巷、道路呈网格状，寨子旁总有寺庙和佛塔，且村落都有一种非常紧密的空间关系，其中会有一些空间结合了生产、生活，或是公共活动的核心，包括打谷场、集市等。

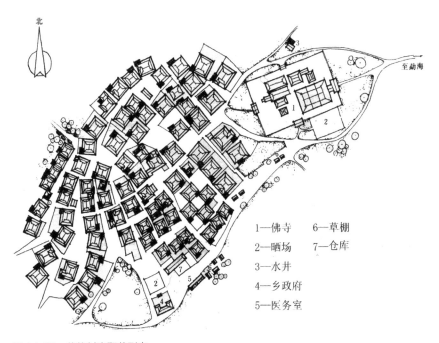

1—佛寺　　6—草棚
2—晒场　　7—仓库
3—水井
4—乡政府
5—医务室

图 14-36　傣族村寨聚落形态

这里还要再说一下"元—本主"模式住屋营造上的类型相似和共同建造。这里的共同建造与原始聚落不一样，不是大家一起盖共同的房子，而是某家盖房时，全村的各家各户都会来出工帮忙。有时其实未必需要那么多人，但这是一种业已形成的共同建造的传统。建房子的那一周时间，这家主人会天天杀猪宰牛、大宴宾客。等到别人家盖房子时，自家同样要出人帮忙。这就是一种换工制，这种换工制背后其实是村落社会关系的体现，也是村落共同体的仪式呈现，盖房子就像一个共同建造的仪式，所以房子的相似性也可想而知。当然，这时的建造离不开工匠，工匠系统是村落共同建造的技术保障。云南有两大工匠系统：一是大理与丽江之间的剑川，这个地方的木匠及匠艺声誉极好；二是滇南一带的通海县工匠。

总结一下，地缘族群带来了村落建造的中层积累。这时的社会治理层级是"国家—家族—家庭—族群成员"；基本的生产方式是"土地、农耕、小农经济、自耕农、家庭小生产"；基本的社会特征是"家族化、乡土社会、稳定的聚居、地缘社会"；文化则是中国乡村常见的礼制文化、耕读文化等；基本社会结构则是费孝通先生所说的"乡土社会是差序结构和熟人社会"，也就是村民基于土地稳定的聚集和定居，大家今天不见明天见、抬头不见低头见。

而在这种地缘族群的背景下，乡村聚落呈现出的营造特征是密致化、精致化、等级化、整体化。这也是"元—本主"建造模式的主要特征。

（三）业缘族群与"公本芝"模式

在农耕社会向农商社会的转变中，云南不少少数民族地区的地缘族群也逐渐向业缘族群转变，在这一社会历史背景下的聚落营造又呈现出新的模式，我称之为"公本芝"模式。"公本芝"这个词

图 14-37　丽江大研古镇四方街

来自纳西族，在纳西古语磨些语中，"公本"为交换背子（商品交
换时，将这个商品背在后面），"芝"为集市或做美事，连起来意
为交换背子做美事的地方，即集市。因此，丽江古城的四方街在磨
些语中被称为"公本芝"。在西南少数民族聚落中，有类似"四方街"
的村寨不在少数，如在大理白族地区、楚雄彝族地区等。因此，"四
方街"可以被认为是农商社会及业缘族群村镇聚落的一种空间标志。

　　四方街最早就是草皮街，随后逐渐发展为正式的集市，之后则
与更大规模的商业贸易关联在一起。丽江文化深厚，四方街及其聚
落的历史积淀，其实就与这种更大规模的贸易有关。

　　说到贸易，不能不提南方丝绸之路的茶马古道。西藏地区缺少蔬菜，藏族老百姓要摄入维生素主要靠茶叶，西藏不产茶，就只能从邻近的云南、四川等地将茶叶贩运进藏。同时，西藏的牲畜品种特别好，如马、牛等，商贩们就向内地贩运并以此换回藏地所需的茶叶。一方面是云南、四川的茶叶进西藏，另一方面是西藏的牲畜到内地，但商贩们不可能把牲畜一直从西藏运到内地，也不可能将茶叶从内地一直运到西藏，这中间一定要有一个交换的地方，这就是所谓的茶马互市，这条贩运的古道也就成为茶马古道。丽江大研古镇是茶马古道上的重要驿站，牲畜和茶叶就在这里交易。

图 14-38　走在香格里拉崇山峻岭中的马帮。在交通不发达的年代，他们是当地人与外界交流商品和信息的唯一媒介　（摄影 / 安哥）

　　有了这种更大规模的商品贸易，聚落中很多人不再从事农耕，而去从事商贸及商品贩运，也就是现在我们所说的马帮。西南很多古道其实都是马帮走出来的，他们无疑就是早期的商人。还有不少人开始做手工艺品，他们把生活中的器物进行加工并拿到市场售卖，可以卖到更好的价钱，慢慢地这些器物就成了专门的手工艺品，并催生了一批匠人。如大理、鹤庆、剑川、丽江等地就有很多技艺高超的匠师。这样，各种更多的职业人也纷纷出现，既有木匠、铜匠、银匠这样的匠人，也有聚落中的文人（这里的文人指村落里有文化

图 14-39　《成都通览》中的"七十二行现相图"，表明了当时西南地区乡村的多种业缘群体

且特别熟悉宗教历史的文化精英）、巫师（如丽江的东巴毕摩等）、
治理者（土司和改土归流后朝廷派遣的官员）、士兵等。社会的构
成更加复杂，人们从事的职业也更加多样，这也就是我们所称谓的
"业缘族群"。

　　这时的社会形态可以视为从农耕社会向农商社会的转变。"公
本芝"模式就是民族地区村社从农耕社会进入农商社会、村落从地
缘族群向业缘族群转化，在这一变化的影响下，聚落人居环境和住
屋营造所显现出的总体规律以及相关的过程、特征的概括和抽象。
它的特征是：修集场、兴集市，开商铺、构街坊，重教化、盖学堂，
拓住屋、成宅院，在地缘族群村镇聚落已经比较精致的基础上再精
致化，精致的等级更加提高。

图 14-40　束河四方街与村落关系

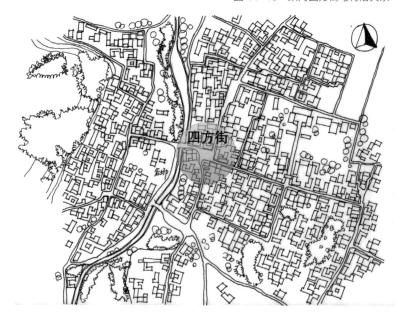

　　从聚落空间关系上看，四方街一定位于村镇的中心部位。四方街事实上也就是一个村落不断发展的空间核心，它像一个磁体一样，所有房屋的建造、村落的发展，都围绕着这一磁体逐渐拓展。

　　这是大理与丽江之间的剑川沙溪古镇。图14-41中有颜色的区域代表核心地带，红色代表商铺，商铺大多沿街，形成商业街；黑色代表宗教建筑，其中既有佛教寺庙，又有道教寺观，还有戏台。从这里可以看出，这一时期，农商社会的生活更加丰富，文化更加

图 14-41　沙溪四方街周边的宗教及商业建筑

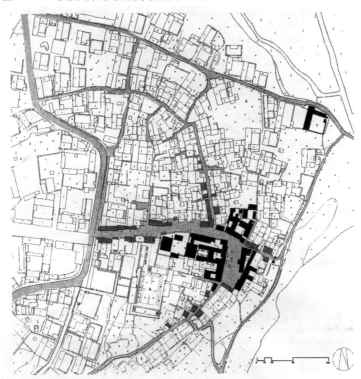

图 14-42　四川汉代画像砖"羊尊酒肆"砖

拓展，村落空间更加精致化，开始出现商业街和更高等级的四方街，以及各种多样化的东西复合在一起的状态。

这种状态其实有点像《清明上河图》中描绘的中原聚落及其早期城市的状态。事实上，这些业缘族群的村镇聚落中的一部分，由于更加凸显的农商社会以及产业和商贸特质，后来演变成为云南近现代的重要城镇和主要城市。

云南腾冲县的和顺乡呈现出农商社会的另外一种状态，我们叫作"寄生型"聚落，也就是聚落繁衍及繁荣的内在动力不在聚落以内，而是在聚落以外。这种现象既与商贸有关，也跟农耕有关。与农耕相关是因为这些聚落原本就是农耕型村落，人们因地缘而定居于此；与商贸相关是因为农耕条件不好，人们很难富庶起来，只有

图 14-43　腾冲和顺乡

想外出贩运、从事商贸等其他办法。

和顺乡当地有句谚语叫作"穷走夷方富走厂,贩运商品跑马帮"。腾冲靠近芒市,邻近缅甸,玉石特别好,很多腾冲人就去跑马帮、贩卖玉石。当时民间有一首小诗流传,非常生动地描述了腾冲人跑马帮的辛劳生活,常常是一出去则一年半载顾不了家,却不一定能赚多少钱。但是,人们一旦在外面发了财,往往会将钱财带回家乡,反哺原来的地缘族群村落,盖深宅大院,修建村落各种设施。这种情况在云南各地非常普遍。

"富走厂"是什么意思呢?随着近代社会经济发展,有些地区因为发现矿产资源而形成矿山工厂,像铜矿、锡矿、金矿、铁矿、煤矿、玉石矿等。村落中很多人因此而外出开矿，或成为在外做工的采矿工人。这很像我们现在所说的在外打工，但人们挣钱回来后也一定是要盖深宅大院的。例如，滇南的蒙自、建水、石屏等地，滇西南的腾冲、芒市等地，以及滇东北的昭通、会泽一带等。

　　在这个时期，聚落空间及其营造显得更加复杂、精致。首先是道路街巷在原来地缘村落的基础上更加发达，各宗族片区及各功能片区愈加清晰，公共空间也愈加发达，不少村落还修建了中小学校等文化教育设施。中国第一个乡村图书馆就出现在腾冲的和顺乡。

a. 图书馆   b. 牌坊

c. 洗衣亭   d. 宗祠

图 14-44　和顺乡的各类基础设施

　　但此时，地缘族群仍然存在，村落并没有彻底断绝与土地的关系。如和顺乡就还与周围的田野有着非常密切的关联。建盖村落时，人们不会多占周围的农地，所以房屋非常密集。但很多空间和街巷还都与田野有关，即通向田野。这里的"通向田野"并不是现在常说的小街小巷的美丽景观，而是和他们的耕作、生产、田野真正发生关系。

　　这儿再看看和顺乡的街巷。街巷到了聚落边缘的端头，会做成半圆形的月台。月台可以是村落与田野的中间节点，老百姓在耕作

图 14-45　村口月台

图14-46 茶马古道重镇——丙中洛

中可以在这里小憩；也可以是人们日常生活的聚集空间，晚上吃完饭没事就可以来这儿聊天、下棋、闲坐、交往。事实上，月台成为了业缘族群在村落里的公共空间，其空间场所营造上也颇为精致，如设置一些大树、围合、牌坊等。

业缘族群生产关系和社会结构下的村镇聚落在云南数量不少，种类也很多，尤其是在商道和马帮的基础上形成的聚落。如滇西北与西藏进行商品交换的重要之地——丙中洛，就是一座茶马古道上的重镇。

图 14-47　茶马古道重镇——奔子栏

图 14-48　会馆众多的会泽古镇

德钦的奔子栏镇是藏族和汉族重要的边界地区，同样是茶马古道上的一座重镇。进了奔子栏，就进入了比较正宗的藏族地区。

云南东北会泽古镇，靠近贵州和四川宜宾，战国时期楚国曾派军队从贵州入滇就经过这一带。会泽也是南方古道（古代"蜀身毒道"及"五尺道"）上重要的城镇。其最大的特点是有江西会所、湖南会所、广东会所、湖北会所等众多的商贸会所。会泽镇很多深宅大院就是当时的会所和各种各样的商号。

石屏古城曾是步头古道上的重要驿站，当时能够连接到安南（今越南）一带。有学者认为，可能云南接受近代西方文化比内地还早，

图 14-49　石屏古城

因为当时交通阻隔，云南与内地的联系较之与东南亚的联系困难得多，东南亚近代早期被欧洲殖民，近代史上，法国文化开始进入云南就是从河口、石屏、蒙自一带开始的。

　　以上城镇案例均可说明，这时的社会形态越来越复杂，聚落业态越来越复杂，聚落和城镇空间也越来越复杂，不但有寺庙、宗祠等存在，还有大量的商铺、会馆、车站和学校等。早年，我去石屏一中，感到特别惊喜，没想到石屏有这么好的中学。它原是石屏的孔庙，但它不单有中国传统寺庙的样式，入口门楼还是西方巴洛克建筑的形式。

图 14-50　巍山古城——唐代南诏国发源地

图 14-51　墨江碧溪古镇，始建于明代，是茶马古道上的重要驿站

　　大理的巍山古城也是由于古道商业发展而形成的农商社会聚落。贯穿巍山古城的商业街令人感到惬意和亲切。图中的门楼实际上是一个佛寺，前些年，寺庙被大火烧掉，现在又重建起来。

　　墨江县的碧溪古镇，是茶马古道上的重要驿站，也可以看到商业街、城楼、城门楼。碧溪城虞家大院的形制等级非常高。

　　我第一次去红河县城看迤萨古镇的时候，感到特别震撼，这座古镇位于红河北岸的山顶之上，人们就在高高的山头上生存，并形成了这么大的聚落，堪称一个奇迹。当时它叫迤萨古镇，这个名字在当地彝语中的意思是"干旱缺水的地方"。红河以南气候湿润，农耕条件非常好；但红河北岸较为干旱，农耕条件远不如南岸。但在如此条件之下，何以衍化出这样的城镇聚落呢？迤萨古镇是因为商业发展起来的。乾隆年间，这里因发现了铜矿而逐渐繁荣。铜矿资源枯竭后，为谋生路，迤萨人赶马帮、下南洋，贩卖烟草、茶叶等。1873—1949 年间，迤萨马帮共打通了十一条通往泰国、缅甸、越南等的经商之路。

图 14-52　迤萨古镇——铭刻行走和生存记忆的聚落

图 14-53　迤萨古镇的建筑

　　19 世纪末 20 世纪初是马帮的鼎盛时期，人们走马帮发财后，就像和顺乡的情况一样回来盖深宅大院。由于这些人在外见多识广，他们建造的房屋则将原来农耕时代的本土建造技艺与外来的建造形式技艺糅合在一起。所以在蒙自、迤萨一带，建筑的门楼、窗子、入口等经常包含一些西方或东南亚的形式元素。

　　对于"公本芝"建造模式，这里也进行一个总结。"业缘"族群带来了村落建造的上层建构，其基本社会结构是自耕农—家庭手工业者—商贩—治理者—农商社会及近代产业从业者，而这种业缘社会也是在血缘和地缘社会的基础上发展、叠合而来的。

　　在这样一个农商社会，空间营造的特征有：原有聚落的早期空间要素发生转化；村镇聚落空间更加有序；各功能空间及公共设施更加完善；商业空间逐渐形成，市井氛围愈加浓厚；建造行为由封闭逐渐向外开放；公共建筑和标志建筑与景观逐渐世俗化。这里的"世俗化"不是贬义，它指的是血缘族群的神性越来越少，而面向社会生活的日常性则越来越多。

三、结语

　　美国人类学家斯图尔德的生态人类学观点，将影响聚落模式衍生的要素分为环境、生计模式和文化三个方面。其中，环境是以恒定的方式持续影响村落建造的；文化是以"润物细无声"的调适、修正的方式影响村落建造的；但最重要的是生计模式，你的生活方式、生产方式，也就是族群的生计模式，更强有力地决定着聚落的衍生、建造和发展，并与环境、文化共同构成影响聚落发展的综合作用力。

　　在云南，环境体现在这里多样的地理、气候、生态环境上，生计模式体现在云南与内地不同的社会发展、历史进程和族群生活上，文化则体现在各少数民族文化的多样、绚烂和深厚之上，这三种与内地的"不大一样"构成了云南独特的乡土建筑和乡土聚落。

　　相对于内地和中原，云南是较为边缘的地区。有句古语叫"礼失而求诸野"，今天我们讲的东西并非只有云南才有，它们原本都曾出现在中原和内地，只是现在内地已经绝迹，很少见到了，但在边地和乡野还尚有遗存，这正是所谓"礼失而求诸野"。

还有一句话叫作"山野妙龄女郎"。"山野妙龄女郎"是一种拙朴、清新、野气的漂亮和美丽。这个词不是我说的，而是研究云南彝族文化的本土历史学家刘尧汉先生所说。他认为彝族文化非常深厚，甚至可以与中原文化分庭抗礼。而我们这里只是借用他的概念，将云南的乡土聚落和乡土建筑，也比作"山野妙龄女郎"。